超入門

SUPER
INTRODUCTORY
GUIDE BOOK

無料で使える
タダ

Google

Gemini
ジェミニ

究会 著

C&R研究所

■権利について

●本書に記述されている製品名は、一般に各メーカーの商標または登録商標です。
なお、本書では™、©、®は割愛しています。

■本書の内容について

●本書は著者・編集者が実際に操作した結果を慎重に検討し、著述・編集しています。ただし、本書の記述内容に関わる運用結果にまつわるあらゆる損害・障害につきましては、責任を負いませんのであらかじめご了承ください。
●本書の内容は2024年6月現在の情報に基づいて記述しています。

●本書の内容についてのお問い合わせについて

この度はC&R研究所の書籍をお買いあげいただきましてありがとうございます。本書の内容に関するお問い合わせは、「書名」「該当するページ番号」「返信先」を必ず明記の上、C&R研究所のホームページ(https://www.c-r.com/)の右上の「お問い合わせ」をクリックし、専用フォームからお送りいただくか、FAXまたは郵送で次の宛先までお送りください。お電話でのお問い合わせや本書の内容とは直接的に関係のない事柄に関するご質問にはお答えできませんので、あらかじめご了承ください。

〒950-3122 新潟県新潟市北区西名目所4083-6
株式会社 C&R研究所　編集部
FAX 025-258-2801
『超入門 無料で使えるGoogle Gemini』サポート係

近年、AI（人工知能）は目覚ましい進化を遂げ、私たちの生活に深く浸透しつつあります。しかし、専門知識を必要とするAIツールが多く、一般ユーザーには使い方が難しく感じられることも少なくありません。

そんな課題を解決し、誰もが簡単にAIを活用できる環境を実現するために誕生したのが、Google Geminiです。Google AIが開発したこのツールは、ブラウザやアプリを介して、まるでチャットをしている感覚で、誰もが簡単に幅広い用途で利用することができます。

本書は、Google Geminiの入門書として、この画期的なAIツールの基本的な使い方から、実践的な活用方法までをわかりやすく解説しています。また、AI初心者の方でも安心して読み進められるよう、専門用語を丁寧に解説し、図解やイラストを豊富に用いて説明しています。

本書では、以下のような内容を網羅しています。

- Google Geminiとは？
- Google Geminiの使い方
- 生成AIを使うにあたっての注意事項
- 文章の要約
- 文章作成の支援
- 情報収集
- 翻訳機能の活用
- タスクリスト作成
- 画像の解読
- 画像生成
- プログラミング
- Googleアプリとの連携

これらのことを身につけることで、AI技術をぐっと身近なものにし、今まで想像できなかったような可能性を得ることができるでしょう。

最後に、本書の執筆・制作にあたって、企画の段階から連日フォローしていただいたすべてのスタッフに心から感謝申し上げます。そして、読者の皆様にとって、本書がGoogle Geminiを利用する上で少しでもお役に立てれば幸いです。

Gemini研究会

本書の読み方・特徴

飯田橋博士
(通称「博士」)

MITを首席で卒業し、ベンチャー企業を立ち上げた。今はリタイヤして自宅の研究室で発明に打ち込んでいる。趣味はスキーとギター。料理はプロ級の腕を持つ。

涼風なな
(通称「ななちゃん」)

バレーボール部に所属する元気な中学3年生。博士にギターを教えてもらうために、ちょくちょく博士の自宅の研究室に遊びに来ている。

特徴 1

見やすい大きな活字

ビギナーやシニア層にも読みやすいように大きめな活字を使っています。

特徴 2

丁寧な操作解説

1クリック、1画面ごとに説明をしているので、迷わずに操作できます。

特徴 3

かゆいところに手が届くHINT

操作に対するテクニック的な説明や、役立つ情報を解説、参照します。

第4章　Geminiで画像・図表・プログラミングを活用してみよう

25 写真をもとにイラストを生成してもらおう

ここでは、ペットの写真をもとにイラストを生成してもらう方法を説明します。
※現時点(令和6年6月)では、Geminiの画像生成機能は英語対応のみで、人物の生成はできません。

写真をもとにイラストを作成する

▼ アップロードする写真

かわいいワンちゃんの写真ですね!

写真をもとに希望のタッチでイラストを作成してもらうようにするんじゃ

①画像のアップロードとプロンプトの入力

1 Geminiアプリを開く

Draw a cute manga-style picture of the dog in this photo.

2 画像を読み込む

3 「この写真の犬を可愛い漫画風の絵で描いてください」の英訳文のプロンプトを入力する

4 クリック

Gemini は不正確な情報(人物に関する情報など)を表示することがあるため、生成された回答を再確認するようにしてください。　プライバシーとアプリ

💡**HINT**

画像を読み込む方法は、次の項目を参考にしてください。　☞P.108

💡**HINT**

プロンプトの英語訳の文章をコピーして、貼り付けます。　☞P.127

130

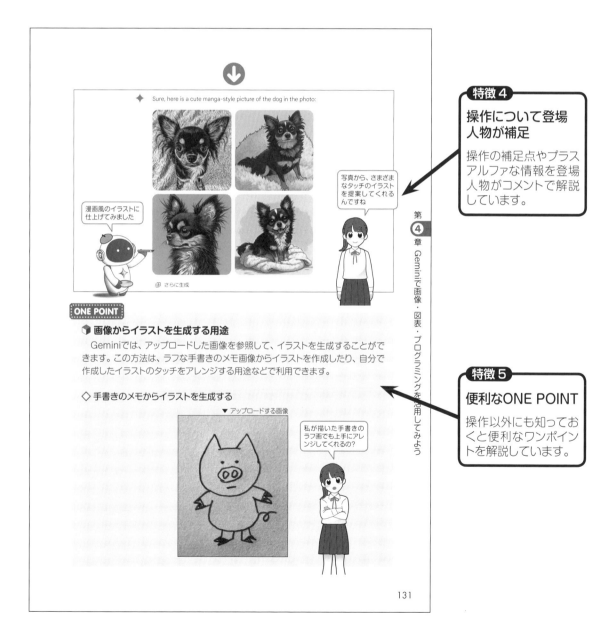

CONTENTS

CONTENTS

第 3 章　Geminiで文書作成・情報収集をしてみよう

CONTENTS

第 **4** 章 Geminiで画像・図表・プログラミングを活用してみよう

CONTENTS

第 5 章　Google機能を利用してGeminiをさらに使いこなしてみよう

第 1 章

Google Geminiに
ついて

 01 Google Geminiとは

　Google Gemini (以下Gemini) は、Google AI (Googleが設立したAI研究部門) が開発したAIモデルの名称です。ここでは、GeminiはどのようなAIなのか説明します。

そもそもAIって何?

　AIとは、Artificial Intelligenceの略で、日本語では人工知能と訳されます。人間の知性をコンピュータで再現しようとする研究分野であり、現在私たちの身近な生活の中にも、次のようなところに採用されています。

◆ 家電本体に搭載されているAI

・洗濯機
　洗濯物の量や素材をセンサーで感知し、最適な洗濯コースを自動で選択する。洗濯物の量や汚れ具合に合わせて、水や電力の使用量を最適化する。

・エアコン
　室温や湿度、人の動きなどをセンサーで感知し、快適な室温を自動で調整する。無駄な冷暖房を抑え、省エネ運転を行う。

・ロボット掃除機
　カメラやセンサーを使って、障害物を避けながら掃除をする。部屋の形状を学習し、効率的な掃除ルートを実行する。

・電子レンジ
　食材の種類や量に合わせて、自動で調理時間を設定する。

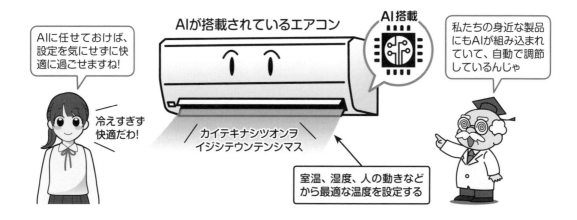

◆ クラウド上に搭載されているAI (インターネット経由で利用)

・スマート家電

　インターネットに接続してスマートフォンなどの端末を専用アプリと連携させて使える家電製品。外出先からON/OFFの操作をしたり、家電の使用状況や電気代などのデータを収集できる。

・スマートスピーカー

　音声認識技術とAI技術を搭載したスピーカー。音声で音楽を再生したり、タイマーを設定したりできる。Amazon Echo、Google Home、HomePodなど。

・音声アシスタント

　スマートフォンやスマートスピーカーなどに搭載されているAI機能。音声で電話をかけたり、メッセージを送信したり、調べ物などができる。Siri (iPhone、iPad、Mac)、Google アシスタント (Androidスマートフォン、Google Home)、Alexa (Amazon Echo、Amazon Fire TV) など。

・翻訳ツール

　AI技術を用いて高精度で自然な翻訳ができる。Google翻訳、DeepL翻訳など。

・チャットボット

　自然言語処理とAIを活用して、人間との対話に似たやり取りを行うプログラム。インターネット上での質疑応答、顧客サポートなどに利用されている。

　なお、Geminiはブラウザやアプリを通して、クラウド上のAI (Gemini) にアクセスして利用するタイプになります。

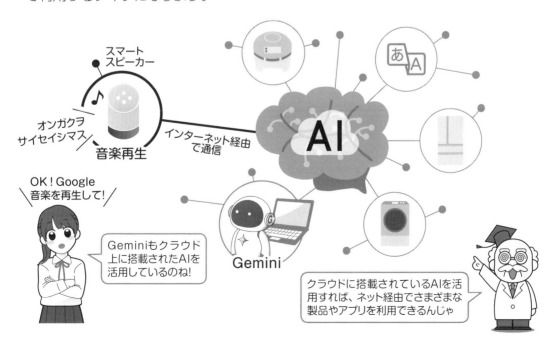

AIってどのようにして作られているの?

AIは、簡単にいうと次のようなステップで作られています。

STEP❶ ◇ 目的を定める

AIを使って何を実現したいのか、具体的な目的を定めます。

例:室温や湿度、人の動きなどをセンサーで感知し、快適な室温を自動で調整するエアコン用のAIを作る

STEP❷ ◇ データ収集

AIはデータを学習して知識や能力を向上させるため、目的に関連する大量のデータを集めます。

例:さまざまな時間帯や状況で、室温、湿度、人の動きなどのデータを収集する

STEP❸ ◇ データをもとに学習させる

AIに大量のデータを与え、パターンや規則を学ばせます。人間が勉強するのと同じように、AIもデータから学ぶことで、さまざまな判断ができるようになります。この学習した結果をまとめたものを「AIモデル」と言います。

例:室温、湿度、人の動きなどのデータを学習し、さまざまな状況で快適な室温を予測できるようなAIモデルを作成する

STEP❹ ◇ システムに組み込む

学習したAIモデルをシステムに組み込みます。

例:AIモデルを小型コンピュータに搭載し、エアコンに組み込む

目的に合わせて学習させたAIモデルをシステムに組み込むんじゃ

AIは学習するほど賢くなるんですね。私もたくさん勉強しなくちゃ

14

AIモデルの学習方法とGeminiの位置づけ

AIモデルは、学習方法や目的によってさまざまな種類に分類されます。代表的な学習方法とその用途は次の通りです。

◉ 教師あり学習モデル

学習方法 先生が生徒に答えを教えて正解を導くイメージ

正解のあるデータを使って学習するモデルです。データと正解の関係を学び、任意のデータに対して正しい回答を出せるようになります。

<例>
・画像認識（犬と猫の画像をそれぞれ「犬」「猫」と答えを付けて学習させ、新しい画像が犬か猫かを判断させる）
・スパムメール検知（「スパム」「非スパム」と答えを付けたメールを学習させ、新しいメールがスパムかどうかを判断させる）

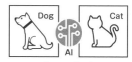

◉ 教師なし学習モデル

学習方法 生徒同士が協力して問題を解くイメージ

正解のないデータからパターンや規則を見つけてデータの構造や特徴を学習します。

<例>
・異常検知（クレジットカードの利用履歴データから、不正な取引を検出する）
・商品レコメンデーション（顧客の過去の購買履歴に基づいて、自動的に商品やサービスを勧める）

◉ 強化学習モデル

学習方法 ゲームのキャラクターが試行錯誤しながら攻略法を学ぶイメージ

試行錯誤を通して報酬を最大化するように学習するモデルです。自分で行動し、その結果得られる報酬に基づいて学習をしていきます。

<例>
・ゲームプレイ（さまざまなゲームでのプレイ方法を学習する）
・ロボット制御（ロボットが周囲の環境を認識し、自律的に行動できるように学習する）
・自動運転（車が周囲の状況を認識し、安全に運転できるように学習する）

● **深層学習 （ディープラーニング）モデル** **学習方法** 人間が脳を使って認識する ように学習するイメージ

　人間の脳神経回路を模倣したニューラルネットワークと呼ばれる数式モデルを用いて学習します。膨大な量のデータを時間をかけて学習し、パターン認識や予測、意思決定など高度なタスクを実行できるようになります。

<例>
・画像認識（顔認識、物体検知、画像分類など）
・音声認識（音声翻訳、音声認識）
・言語処理（機械翻訳、要約抽出）

　これらの学習方法を図解にすると次のようになります。

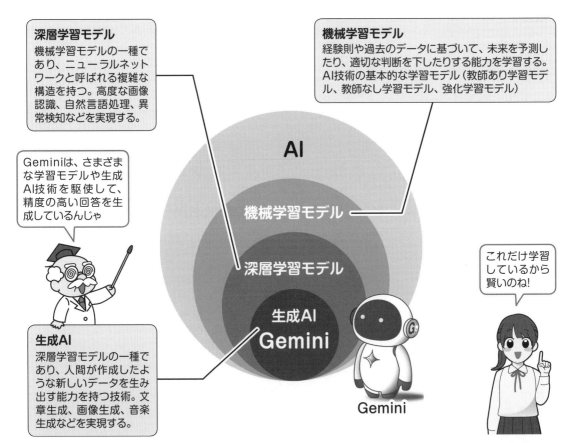

深層学習モデル
機械学習モデルの一種であり、ニューラルネットワークと呼ばれる複雑な構造を持つ。高度な画像認識、自然言語処理、異常検知などを実現する。

機械学習モデル
経験則や過去のデータに基づいて、未来を予測したり、適切な判断を下したりする能力を学習する。AI技術の基本的な学習モデル（教師あり学習モデル、教師なし学習モデル、強化学習モデル）

Geminiは、さまざまな学習モデルや生成AI技術を駆使して、精度の高い回答を生成しているんじゃ

生成AI
深層学習モデルの一種であり、人間が作成したような新しいデータを生み出す能力を持つ技術。文章生成、画像生成、音楽生成などを実現する。

これだけ学習しているから賢いのね!

　このことから、Geminiは、機械学習や深層学習で膨大なテキスト、コード、画像データを学習し、生成AIの技術によって、文章作成、要約、翻訳、コード生成など、創造的な回答を自動生成できるAIといえます。このように構築されたAIは、大規模言語モデル（LLM）と呼ばれています。

🟦 Geminiが学習しているデータとは

Geminiは、著作権法を順守し偏見や品質に注意した上で収集された次のようなデータで学習しています。

収集データ	内容
Google検索	検索データとその結果、検索結果のWebサイト、検索結果に対して行った操作など
書籍	小説、専門書、教科書などさまざまな分野の書籍のテキストデータ
Webサイト	ニュース記事、ブログ記事、企業のホームページ、SNS投稿など
コード	プログラムコードやスクリプトなどのコードデータ
音声データ	会話、講演、音声ニュース、音楽など
画像データ	写真、イラスト、スクリーンショットなど
その他	翻訳データ、要約データ、問答データなど

Geminiの学習データ量は膨大で、日々更新されています。これらのデータを学習することで、より幅広い知識と能力を身につけ自然言語を理解し、人間らしい文章を生成することに役立てています。

🟦 GeminiとChatGPTとの違い

GeminiとChatGPTは、どちらも生成AIとして有名ですが、比較すると次のような違いがあります。目的やニーズによって使い分けるとよいでしょう。

項目	Gemini	ChatGPT
開発元	Google AI	OpenAI
学習データ	テキスト、コード、画像など	テキストデータのみ
処理	情報収集、文章生成、要約、翻訳、画像の解説、画像生成など	質疑応答、文章生成、要約、翻訳
特徴	事実に基づく情報提供、論理的な文書作成、Googleアプリやサービスとの連携	創造的な文書作成、ユーモアのある会話
適用例	教育、研究など	マーケティング、エンターテイメントなど

※ここでは、GeminiとChatGPTの無料プランに関して比較しています（令和6年6月現在）。

Googleアプリとの
連携が得意です！

お互い得意な生成分野があるので、自分の目的や用途に合わせて使い分けるんじゃ

Geminiにできること

ここでは、実際にGeminiを利用してできることと使い方について説明します。

Geminiから期待できる回答

Geminiを利用すると、次のような種類の回答を得られることができます。

用途	回答
文章生成	論文、小説、記事、詩など、さまざまな形式の文章を生成できる
翻訳	複数の言語間で翻訳できる
要約	長文を要約できる
質問応答	さまざまな質問に対して回答を提供できる、情報を収集する、雑談、おしゃべり
コード生成	プログラムコードを生成できる
画像生成	画像を生成できる
音楽作曲	音楽を作曲できる（歌詞作成、コード作成など）

ただし、すべて正しい回答が生成されるとは限らないので、注意点を理解した上で、適切な用途に利用することが重要です。詳しくは、「Gemini利用の注意点」について を参考にしてください。 👉P.22

Geminiの使い方

Geminiを利用する場合には、Googleのアカウントが必要になります。Googleアカウントは、個人用の他に、仕事用、学校用でも可能ですが、管理者がGeminiへのアクセスを有効にしていない場合は利用できないので注意が必要です。

アカウントを取得後には、ブラウザやアプリから、それぞれのデバイスで次のように使用できるようになります。なお、同一のGoogleアカウントでログインしている場合には、すべてのデバイス間でGeminiの履歴は共有されます。

◆ パソコンのブラウザ

パソコンでは、WebブラウザからGeminiアプリにアクセスして利用します。ここでは、Google Chromeを利用していますが、別のブラウザでも可能です。

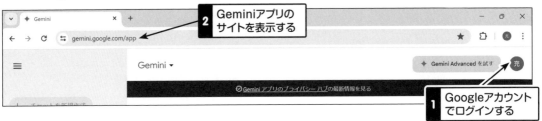

◆スマートフォン（iPhoneの場合）

iPhoneでは、Googleアプリを起動し「Gemini」タブから利用することができます。

1 Googleアプリを開く

iPhoneは、Googleアプリから開くんじゃ

2 Googleアカウントでログインする

3 タップしてGeminiの画面を表示する

◆スマートフォン（Androidの場合）

Androidでは、専用のGeminiアプリをインストールして利用することができます。

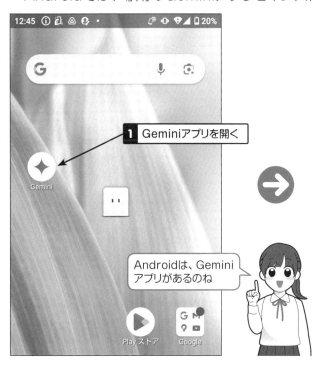

1 Geminiアプリを開く

Androidは、Geminiアプリがあるのね

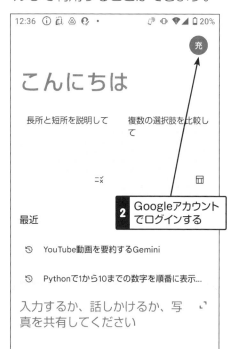

2 Googleアカウントでログインする

Geminiは、対話形式で質疑応答をやり取りすることができます。質問は「プロンプト」という枠に文字入力またはマイクを使用しての音声入力が可能で、同じ話題で質問→回答を繰り返すことができます。1回の質疑応答のまとまりを「チャット」といいます。

プロンプト

AIって何ですか?

Gemini

AI（人工知能）は、「Artificial Intelligence」**の略で、日本語では「人工知能」**と訳されます。

一般的には、**人間の言葉の理解や認識、推論などの知的行動をコンピュータに行わせる技術**を指します。

具体的には、以下のようなことができます。

- **画像認識:** 写真や動画の中の物体を認識したり、人の顔を識別したりすることができます。

プロンプト

作るのは難しいですか?

Gemini

AIを作る難しさは、どのようなAIを作りたいかによって大きく異なります。

簡単なAIであれば、**数時間**で作ることが可能です。例えば、以下のようなAIが挙げられます。

- 特定の画像を認識するAI
- 簡単な文章を翻訳するAI
- 簡単なゲームをプレイするAI

しかし、より複雑なAIを作るには、**多くの時間と労力**が必要です。例えば、以下のようなAIが挙げられます。

- 医療診断を支援するAI
- 自動運転車を制御するAI
- 金融市場を分析するAI

これらのAIを作るには、**膨大な量のデータ**を集め、**高度なアルゴリズム**を開発する必要があります。また、**専門的な知識**や**技術**が必要となります。

プロンプト

高度なアルゴリズムって何ですか?

Gemini

高度なアルゴリズムとは、**問題を解くための手順が複雑で、多くの計算量やメモリ容量を必要とするアルゴリズム**のことを指します。

具体的には、以下のような特徴を持つアルゴリズムが高度なアルゴリズムと一般的に呼ばれます。

- **計算量が多い:** 問題を解くために多くの計算が必要となるアルゴリズムです。例えば、**NP完全問題**と呼ばれる問題は、解を見つけるために指数関数的な計算量が必要となります。
- **メモリ容量が多い:** 問題を解くために多くのメモリ容量が必要となるアルゴリズムです。例えば、**動的計画法**と呼ばれるアルゴリズムは、問題の規模が大きくなるにつれて、必要なメモリ容量が指数関数的に増加します。
- **複雑な論理が必要:** 問題を解くために複雑な論理が必要となるアルゴリズムです。例えば、**ゲーム理論**と呼ばれる分野で使用されるアルゴリズムは、相手の手を読み、最適な行動を選択するために、複雑な論理が必要となります。
- **専門的な知識が必要:** アルゴリズムを理解したり、実装したりするために、専門的な知識が必要となるアルゴリズムです。例えば、**機械学習**と呼ばれる分野で使用されるアルゴリズムは、統計学や線形代数などの知識が必要となります。

質問→回答→質問を繰り返しながら知りたい情報をまとめていくのじゃ

Geminiと会話するように質問をするといいのね!

Geminiって何者なの?

次世代のマルチモーダル生成AIシステムです
Gemini

　なお、Geminiの使い方については第2章、プロンプトの書き方については第3章で詳しく説明しているので参照してください。

ONE POINT

🔲 無料版・有料版Geminiの違いについて

　現在（令和6年6月）、一般的なGoogleユーザーが利用できるGeminiの種類には、無料版の「Gemini」と有料版の「Gemini Advanced」があります。「Gemini Advanced」はさらに高度なAIモデルを使用しており、「Gemini」よりも処理能力が高く、他のプログラムと連携できるなどの機能を備えています。なお、本書では無料版の「Gemini」をもとに解説することとします。

03 Gemini利用の注意点

ここでは、Geminiを利用する際に注意すべきことを説明します。

Geminiの回答 ＝ 正解ではない

　Geminiの回答はすべてが正解ではありません。Geminiは膨大な量のテキストやコードのデータで訓練されていますが、そのデータの中に誤った解釈に基づく内容や、特定な視点や意見が過剰に含まれている場合には、回答にも間違いや偏りを反映してしまうことがあります。また、ユーザーからの質問や指示を誤認識したり、時間の経過とともに古くなった情報のまま回答を生成したりしてしまうこともあります。そのため、すべての回答をうのみにせず、事実確認を行ってから利用する必要があります。

Geminiの回答がすべて正解だと思わずに、事実確認を行って利用するのじゃ

さまざまな情報を元に
Geminiが生成した回答

間違った情報

古い情報

正しい情報

生成データ ＝ 自分の作品ではない

　Geminiが生成したデータは一見独創的に見えても、ユーザーが作り上げた作品ではありません。Geminiのデータは機械が生み出した単なる情報であり、その中には著作権のある内容が使われている可能性もあります。そのため、Geminiの出力結果は、あくまでもユーザーの創造力を引き出すヒント、アイデアを広げるためのサポートととらえて利用することが重要です。間違っても、そのままの形で営利的な目的で使用したり、公の場や不特定多数相手に公開したりしないよう注意してください。

子供向け　水彩風　宇宙　ロケット　発射

Geminiの生成データはあくまで、アイデアやヒントにする程度で利用した方がいいわね

Geminiが生成した作品

会話 ＝ その時だけのことではない

　Geminiとユーザーがやり取りした会話は、アクティビティとして保存されます。Google側では、このアクティビティ（会話内容）を分析し、Geminiの応答品質の向上や、新しい機能の開発に役立てています。そのため、Geminiとの会話には、個人情報や機密情報は入力しないよう注意する必要があります。

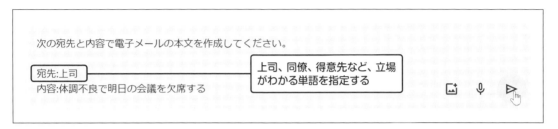

　プロンプトに固有名詞が必要な場合には、次のように、あいまいな単語や、記号を用いるなど工夫して利用しましょう。

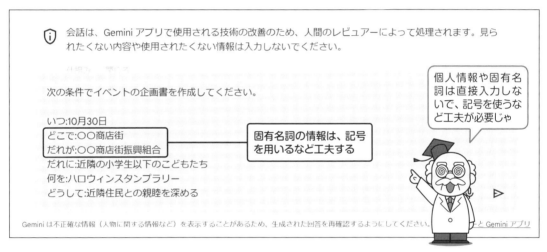

　Geminiはインターネット上のクラウドにアクセスして利用するサービスです。日頃インターネットを使用する際の基本的なルールやマナーを守って活用することを心がけましょう。

ONE POINT

🔷 Geminiのアクティビティについて

　Geminiのアクティビティは、Geminiとやり取りした会話の記録です。Geminiアプリの初期設定では、記録が保存されるように設定されており（ユーザーの年齢やグループの環境によってはこの限りではない）、最長3年間保存されます。アクティビティの保存のON/OFF、保存期間などはユーザー独自が設定を変更することも可能です。また、過去の会話を個別に削除することもできます。アクティビティを管理する方法については、第2章を参照してください。☞P.44

れたくない内容や使用されたく

仕組み　閉じる

② ヘルプ

⑤ アクティビティ

⑱ 設定

アクティビティ

ここにプロンプトを入力してくださ

Gemini は不正確な情報（人物に関する情報など）を表示

クリックすると…

アクティビティの
管理画面

Gemini アプリ アクティビティ

Gemini アプリを使用すると、Google AI に直接アクセスできます。Gemini アプリ アクティビティがオンでもオフでも、チャットは最長で 72 時間アカウントに保存されます。Google はこのデータを使用して、サービスの提供、安全性とセキュリティの維持、ユーザーから提供されたフィードバックの処理を行います。

Gemini アプリ アクティビティ
アクティビティを保存しています

オフにする ▾

🔖 18 か月以上経過したアクティビティを削除します　　　　　　　　　　　　　　　❯

Ⓖ　Google はユーザーのプライバシーとセキュリティを保護します。
　　マイ アクティビティの認証を管理

削除 ▾

昨日　　　　　　　　　　　　　　　　　　　　　　　　　　　　　　　　　　　✕

✦　Gemini アプリ　　　　　　　　　　　　　　　　　　　　　　　　　　　　✕

送信したメッセージ: 続けて

12:55・詳細

✦　Gemini アプリ　　　　　　　　　　　　　　　　　　　　　　　　　　　　✕

送信したメッセージ: この物語で絵本を作成したいです。ページ割りと挿絵の内容を
考えてください。

12:52・詳細

✦　Gemini アプリ　　　　　　　　　　　　　　　　　　　　　　　　　　　　✕

第2章

第**2**章

Geminiの基本操作を
試してみよう

Geminiを利用してみよう

ここでは、Geminiを利用する方法を説明します。

Googleアカウントを新規作成する

Geminiを利用するには、Googleアカウント（Gmailのアドレス）が必要です。ここでは、Googleアカウントを新規作成する方法を説明します。なお、すでにアカウントを持っている場合には、「Geminiを利用する」から操作を始めてください。 ☞P.30

① Googleアカウントの作成

② 名前の入力

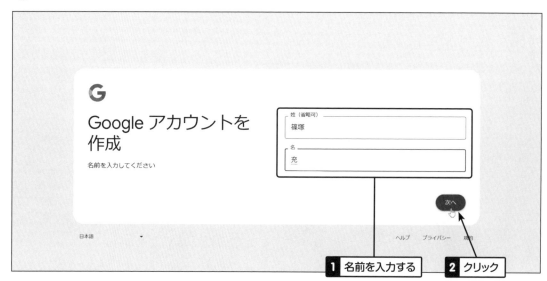

③ 基本情報の入力

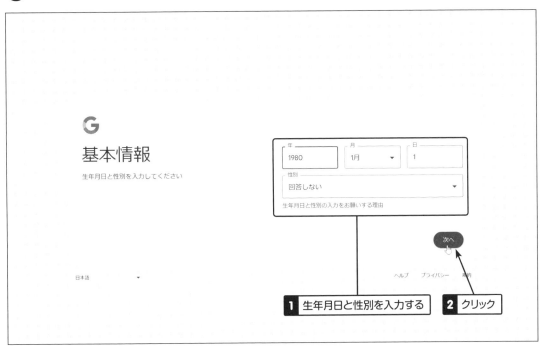

④ Gmailアドレスの作成

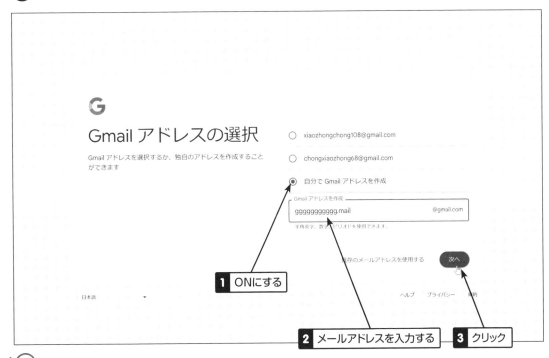

💡 **HINT**

Gmailアドレスは、自動的に作成されたものから選択するまたは自分で作成する
ことが可能です。ここでは、メールアドレスを作成することとします。

27

⑤ パスワードの設定

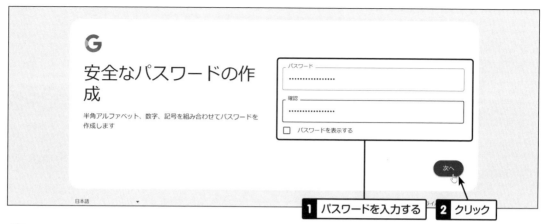

⑥ 再設定用のメールアドレスの入力

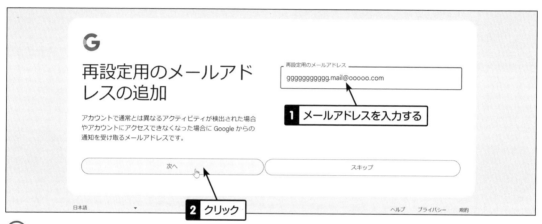

💡HINT

ここでは、今持っている他のメールアドレスを指定します。この設定が必要ない
場合には [スキップ] をクリックします。

⑦プライバシーと利用規約への同意

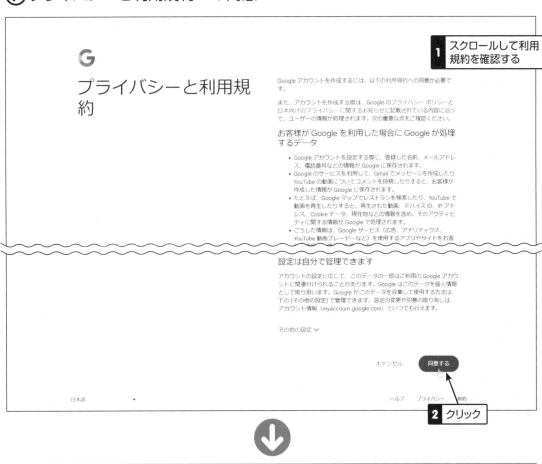

1 スクロールして利用規約を確認する

プライバシーと利用規約

Google アカウントを作成するには、以下の利用規約への同意が必要です。

また、アカウントを作成する際は、Google のプライバシー ポリシーと日本向けのプライバシーに関するお知らせに記載されている内容に沿って、ユーザーの情報が処理されます。次の重要な点をご確認ください。

お客様が Google を利用した場合に Google が処理するデータ

- Google アカウントを設定する際に、登録した名前、メールアドレス、電話番号などの情報が Google に保存されます。
- Google のサービスを利用して、Gmail でメッセージを作成したり YouTube の動画についてコメントを投稿したりすると、お客様が作成した情報が Google に保存されます。
- たとえば、Google マップでレストランを検索したり、YouTube で動画を再生したりすると、再生された動画、デバイス ID、IP アドレス、Cookie データ、現在地などの情報を含め、そのアクティビティに関する情報が Google で処理されます。
- こうした情報は、Google サービス（広告、アナリティクス、YouTube 動画プレーヤーなど）を使用するアプリやサイトをお客

設定は自分で管理できます

アカウントの設定に応じて、このデータの一部はご利用の Google アカウントに関連付けられることがあります。Google はこのデータを個人情報として取り扱います。Google がこのデータを収集して使用する方法は、下の [その他の設定] で管理できます。設定の変更や同意の取り消しは、アカウント情報（myaccount.google.com）でいつでも行えます。

その他の設定 ∨

キャンセル　同意する

日本語　▼　　　　　　　　　　ヘルプ　プライバシー　規約

2 クリック

← → C 🔒 myaccount.google.com/?utm_source=account-marketing-page&utm_medium=create-account-button&nlr=1

Google アカウント　　Q Google アカウントを検索

- ● ホーム
- 個人情報
- データとプライバシー
- セキュリティ
- 情報共有と連絡先
- お支払いと定期購入
- Google アカウントについて

アカウントが作成された

充

ようこそ、篠塚充 さん

Google サービスを便利にご利用いただけるよう、情報、プライバシー、セキュリティを管理できます。詳細⑦

Google アカウントにアクセスできなくなるのを防ぐ ✕

パスワードを忘れた場合でもすべての Google サービスへのアクセスを維持できるよう、2 つ目の復元オプションを追加しましょう

再設定用の電話番号の追加

プライバシーとカスタマイズ

Google アカウントのデータを確認し、Google の利便性をカスタマイズするために保存されるアクティビティを選択します

データとプライバシーを管理

セキュリティに関するヒントがあります

セキュリティ診断の結果、セキュリティに関するヒントが見つかりました

セキュリティに関するヒントを見る

Geminiを利用する

ここでは、Googleアカウントにログインしていない状態から操作を行うこととします。

① Geminiの表示とログインの実行

HINT

画面の表示が英語になっている場合には、ブラウザ右上の [Google Translate] をクリックして「日本語」を選択します。

② ログイン情報の入力

HINT

このとき、アカウントを選択する画面が表示された場合には、使用するアカウントを選択してください。

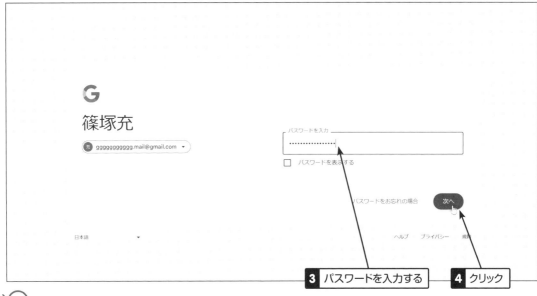

3 パスワードを入力する　　4 クリック

HINT

この操作の後、Googleに関する操作を促す画面が表示された場合には、[後で]
[後で行う]をクリックして操作を続けることとします。

③ Geminiアプリの開始

1 クリック

HINT

画面の表示が英語になっている場合には、ブラウザ右上の[このページを翻訳]を
クリックして「日本語」を選択します。

④ 規約とプライバシーの確認

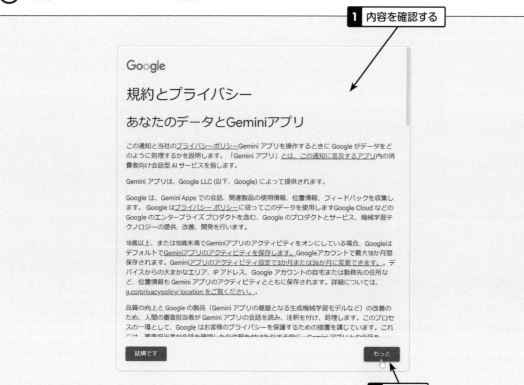

1 内容を確認する

2 クリック

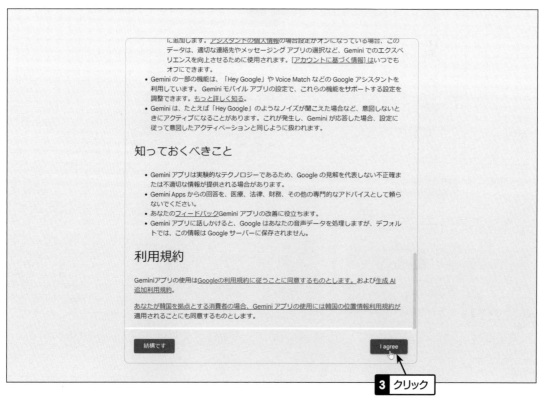

3 クリック

⑤ 注意点の確認

1 クリック

Geminiアプリの画面が
表示された

これがGeminiアプリ
の基本画面じゃ

ONE POINT

🔷 Geminiアプリの画面を確認する

初めてGeminiにログインすると、次のような画面が表示されます。

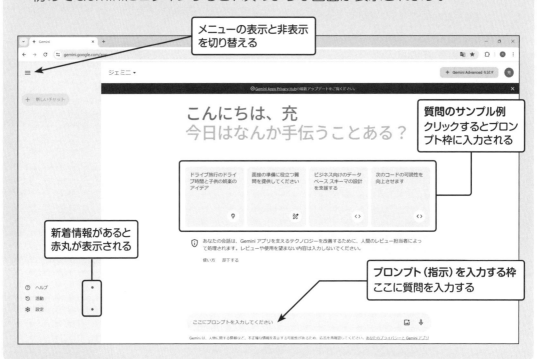

ONE POINT

🔷 ダークモードへの切り替え

Geminiアプリの初期設定では、画面はライトモードになっていますが、ダークモードに切り替えることができます。ダークモードに切り替えるには、メニュー下の［設定］→［ダークモード］をONにします。

▼ ダークモード

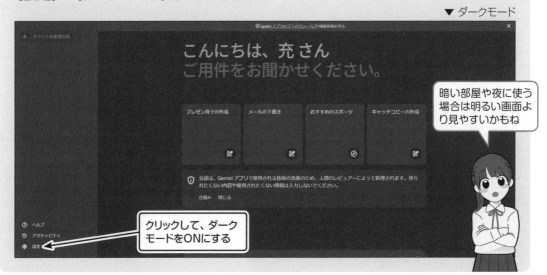

34

Geminiに質問して回答を得る手順を試してみよう

ここでは、Geminiと質問をやり取りする方法を説明します。

質問を始める

Geminiに質問を入力します。ここでは、「Google Geminiとはどういうものか」質問してみましょう。

① プロンプトの入力

1 Geminiアプリを開く

2 「Google Geminiってなに?」と入力する

3 クリック

Google Geminiってなに?

提出する

Gemini は、人物に関する情報など、不正確な情報を表示する可能性があるため、応答を再確認してください。あなたのプライバシーと Gem...

回答横のGeminiマークが回転している間は、回答を作成中じゃ

回答が表示された

クリックすると回答を読み上げてくれます

充 Google Geminiってなに?

下書きを表示 ∨

Google Geminiは、Google AIが開発した**マルチモーダル生成AIモデル**です。テキスト、画像、音声、動画を分解して生成することができ、従来のAIモデルよりも高度な能力を持っています。

主な特徴

- **マルチモーダル**:テキストだけでなく、画像や音声、動画もわかりやすく、処理することができます。これにより、より自然で微妙なコミュニケーションが可能になります。
- **優れた推論能力**:与えられた情報を深く掘り下げ、論理的に推論することができます。複雑な質問にも正確に答えることができます。
- **高品質なコード生成**:プログラミング言語コードを自動生成することができます。開発者にとって強力なツールになります。

具体的な活用例

- **文章作成**:論文、レポート、記事、広告文、小説など、様々な文章を自動生成することができます。
- **要約**:長文を短くまとめ、要点を抽出することができます。
- **翻訳**:複数の言語で翻訳できます。
- **訂正・編集**:文章の誤字脱字や文法の誤りを修正することができます。
- **問題解説**:論文や数学など、問題の解説をわかりやすく説明することができます。
- **形式に沿ったテキスト作成**:詩、脚本、楽譜、メール、手紙など、様々な形式に沿っ

ONE POINT

質問形式でプロンプトを入力

　Geminiに質問するときには、会話をする要領で「〇〇について教えて」「〇〇ってなに?」のように質問を表す語尾を付けて入力すると、的確な回答が返ってくる可能性が高いです。たとえば、操作例の「Google Gemini」について知りたいときに「Google Gemini」とだけ入力すると、次のように言葉の意味のみの回答が返されてしまうことがあります。用途によってプロンプトの記述方法に注意する必要があります。　☞P.60

 GoogleGemini

下書きを表示 ∨　◀)

◆　Google Gemini は次の 2 つのことを指します。

- Google DeepMind [1]によって作成された大規模言語モデルのファミリー。2023年12月にリリースされ、LaMDAやPaLM 2などの以前のモデルの後継となります。主なバージョンは、Gemini Ultra（複雑なタスク用）、Gemini Pro（一般的なパフォーマンス用）、Gemini Nano（デバイスでの効率性に最適化）の3つです。特に、Geminiモデルはマルチモーダルになるように設計されており、テキスト、コード、画像、さらにはオーディオやビデオなど、さまざまな形式の情報を理解して処理できます[4]。

- 前述の大規模言語モデルを利用した Gemini という名前のチャットボットもあります [2、3]。このチャットボットは Gemini アプリからアクセスでき、執筆、計画、学習などのタスクに役立ちます。追加機能を提供するプレミアム バージョンである Gemini Advancedもあります[3]。

> プロンプトとは、入力する質問や命令の指示文のことなんじゃ

ONE POINT

プロンプトを書き直したい場合には

　プロンプトに誤字が入ってしまった、質問のニュアンスを少し変えてみたい場合などには、後から編集し再度回答を表示することができます。プロンプトを書き直すには、次のように操作します。

 Google Geminiってなに? ✎

テキストを編集する

> 変更するプロンプトにカーソルを合わせると表示される[鉛筆]をクリックし、プロンプトを書き換えて[Enter]キーを押す

下書きを表示 ∨　◀)

◆　**Google Gemini**は、Google AIが開発した**マルチモーダル生成AIモデル**です。テキスト、画像、音声、動画を分解して生成することができ、従来のAIモデルよりも高度な能力を持っています。

主な特徴

- **マルチモーダル**:テキストだけでなく、画像や音声、動画もわかりやすく、処理することができます。これにより、より自然で微妙なコミュニケーションが可能になります。

- **優れた推論能力**:与えられた情報を深く掘り下げ、論理的に推論することができま

第 2 章　Geminiの基本操作を試してみよう

他の回答案を表示する

　Geminiでは、表示された回答の他に回答案という別の候補が用意されています。ここでは、別の回答案を表示してみましょう。

① 回答案の表示

> 充　Google Geminiってなに?

回答案を表示 ∨ ◁))

1 クリック

✦ **Google Gemini**は、2023年12月にGoogle DeepMindによって発表された、**マルチモーダル大規模言語モデル**のファミリーです。これは、テキスト、画像、音声など、様々な種類のデータを扱えることが特徴です。

従来の言語モデルと比べて、以下のような点が進化しています。

- **マルチモーダル**: テキストだけでなく、画像や音声も理解して処理できます。
- **高精度**: より高度な推論が可能になり、複雑な質問にも正確に答えられます。
- **汎用性**: 様々なタスクに活用できます。文章生成、要約、翻訳、コード生成、画像認識など、幅広い用途で利用できます。

Geminiは、以下の3つのモデルから構成されています。

- **Gemini Ultra**: 最も高性能なモデルで、複雑なタスクにも対応できます。
- **Gemini Pro**: 一般ユーザー向けのモデルで、様々なタスクに活用できます。
- **Gemini Nano**: 端末内処理に特化したモデルで、軽量で高速な処理が可能です。

Geminiは、研究者や開発者だけでなく、一般ユーザーにも利用されています。具体的には、以下のような用途で活用されています。

- **文章作成**: ブログ記事、論文、小説などの文章を自動生成できます。
- **情報収集**: 調べたいテーマに関する情報を収集し、要約することができます。

> 現在は回答案1が表示されています

② 別の回答案の選択

1 クリック

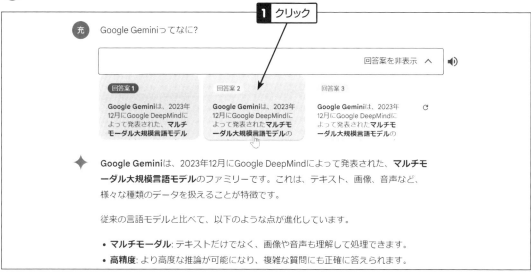

> 充　Google Geminiってなに?

回答案を非表示 ∧ ◁))

回答案 1
Google Geminiは、2023年12月にGoogle DeepMindによって発表された、**マルチモーダル大規模言語モデル**

回答案 2
Google Geminiは、2023年12月にGoogle DeepMindによって発表された**マルチモーダル大規模言語モデルの**

回答案 3
Google Geminiは、2023年12月にGoogle DeepMindによって発表された、**マルチモーダル大規模言語モデルの**

✦ **Google Gemini**は、2023年12月にGoogle DeepMindによって発表された、**マルチモーダル大規模言語モデル**のファミリーです。これは、テキスト、画像、音声など、様々な種類のデータを扱えることが特徴です。

従来の言語モデルと比べて、以下のような点が進化しています。

- **マルチモーダル**: テキストだけでなく、画像や音声も理解して処理できます。
- **高精度**: より高度な推論が可能になり、複雑な質問にも正確に答えられます。

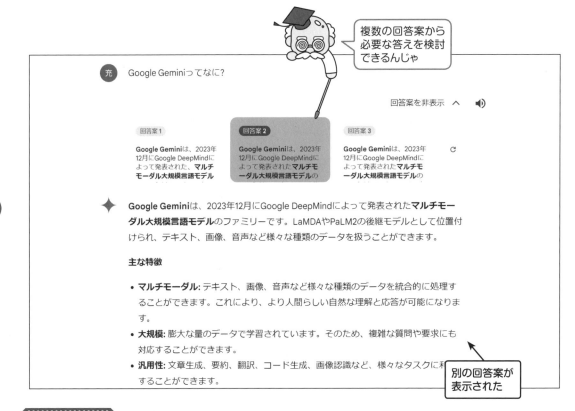

ONE POINT

📦 3つの回答案の違い

　回答案とは、質問に対して答えとなる候補です。複数の回答案を検討することで、より良い答えを見つけることができます。Geminiの回答案は、1〜3まであり、主に次のような違いがあります。

◇ 回答案1

　中立的な視点で、要点を簡潔にまとめた回答。理解しやすく、すぐに情報を得られる。忙しい時や概要を素早く知りたい場合に適している。

◇ 回答案2

　回答案1の簡潔な回答に加えて、補足説明や例などが含まれる。主観的な視点、質問に対する背景情報や関連情報が含まれており、多様な意見に触れ理解を深めたいときに適している。

◇ 回答案3

　特定の視点から書かれており、深い洞察を得られる。特定の分野の知識がある人や、詳細な情報を知りたい時に適している。ただし、専門用語や難しい言葉が含まれているため、理解しにくい場合がある。

　なお、回答案右側の C [リフレッシュ] をクリックすると、各回答を再生成することができます。

続けて質問をしてみよう

　Geminiでは、会話をするようにやり取りを続けることができます。ここでは、表示された回答の中で意味のわからない単語について続けて質問をしてみましょう。

① プロンプトの入力

充　Google Geminiってなに？

下書きを表示 ∨　◀))

✦ **Google Gemini**は、Google AI が開発した**マルチモーダル生成 AI モデル**です。テキスト、画像、音声、動画を理解し、生成することができ、従来の AI モデルよりも高度な能力を持っています。

主な特徴

- **マルチモーダル**: テキストだけでなく、画像や音声、動画もわかりやすく、処理することができます。これにより、より自然でニュアンスのあるコミュニケーションが可能になります。
- **優れた推論能力**: 与えられた情報を深く掘り下げ、論理的に推論することができます。複雑な質問にも正確に答えることができます。
- **高品質なコード生成**: プログラミング言語コードを自動生成することができます。開発者にとって強力なツールになります。

具体的な活用例

- **文章作成**: 論文、レポート、記事、広告文、小説など、様々な文章を自動生成することができます。
- **要約**: 長文を短くまとめ、要点を選ぶことができます。
- **翻訳**: 複数の言語で翻訳できます。
- **修正・編集**: 文章の誤字脱字や文法の誤りを修正することができます。
- **問題解説**: 論文や数学など、問題の解説をわかりやすく説明することができます。
- 形式に沿った**テキスト作成**: 詩、作詞、楽譜、メール、手紙など、様々な形式に沿

> マルチモーダル？わからない単語が出てきたので、続けて質問してみるわ

マルチモーダルって何？

2 クリック

Gemini は、人物に関する情報など、不正確な情報を表示する可能性があるため、応答を再確認してください。あなたの**プライバシー**と Gem

1 「マルチモーダルって何?」と入力する

> 回答が表示された

充　マルチモーダルって何？

下書きを表示 ∨　◀))

✦ マルチモーダルは、「複数のモード」という意味を持つ言葉です。AI分野では、**異なる種類の情報**をまとめて扱う技術のことを指します。

例えば、**画像とテキスト**、**音声とテキスト**、**動画とテキスト**などを組み合わせることで、より高度な情報処理が可能になります。

マルチモーダルAIは、従来のAIモデルよりも以下の点で優れています。

- **情報理解の精度向上**: 複数の情報から相互に補完し合うことで、より正確な情報理解が可能になります。

- **音声認識**: 音声の内容を理解し、テキストに変換することができます。
- **自然言語処理**: 文章の意味を理解し、翻訳したり、要約したりすることができます。
- **ロボット**: ロボットが周囲の状況を把握し、行動することができます。
- **自動運転**: 自動運転車の周囲の状況を認識し、安全運転することができます。
- **医療**: 医療画像診断の補助、患者の状態モニタリング
- **教育**:個人の生徒に合わせた学習コンテンツの提供

マルチモーダルAIは、まだ発展途上の技術ですが、ますます進化していくことが期待されています。

参考情報

- **マルチモーダルAIとは？身近な事例で解説します！NTTデータ**： https://www.nttdata.com/global/ja/insights/generative-ai
- **マルチモーダルAI｜AI用語集｜法人向け - ソフトバンク**: https://totaltele.com/softbank-to-invest-960m-in-japanese-ai/
- **マルチモーダルAIとは？ - 産総研**: https://unit.aist.go.jp/ncdrc/ja/multimodal_ai/AI_top.html
- **マルチモーダルAIの基礎知識と最新動向｜AI技術研究所**： https://www.aist.go.jp/aist_j/magazine/20231129.html

何かご不明な点がございましたら、お気軽にご質問ください。

👍 👎 ⛭ < G ⋮

意味のわからない単語があったときは、続けて質問をすれば答えてくれるのね

ONE POINT

📦 わからないことは続けて聞いてみる

対話型AIでは「今言ったそれって何のこと?」のように、会話をやり取りする要領で話題を続けることができます。回答にわからない単語が含まれるときなどには、積極的に問いかけてみましょう。また、回答の内容が難しい場合や、不十分だと感じた場合には「もっと詳しく教えて」「他にどのような意味があるの?」などの質問を投げかけることで、回答をブラッシュアップさせることが可能です。

会話をするようにやり取りを続けることができるのがGeminiのすごいところじゃ

・今言ったそれって何のこと?
・もっと詳しく教えてほしい
・他にどんな意味があるの?

質問

対話型 AI

Gemini

回答

回答の内容が難しいときは、もう一度質問すればわかりやすく答えてくれるのね

回答を書き換えてみよう

Geminiの 芏 [回答を書き換える] 機能を利用すると、回答を簡潔にしたり、詳細な文章に変更することができます。ここでは、表示された回答を短くしてみましょう。

① [回答を書き換える] 機能の実行

回答が短くなった

充 マルチモーダルって何?

回答案を表示 ∨ 🔊

✦ **マルチモーダルとは?**

マルチモーダルは、**複数の形式や手段を組み合わせること**です。

AI分野では、**テキスト、音声、画像、動画**など、異なる種類のデータを**まとめて扱うAI**のことを**マルチモーダルAI**と呼びます。

従来のAIは、**単一のデータ形式**しか扱えませんでした。しかし、マルチモーダルAIは**複数のデータ形式を組み合わせる**ことで、より**人間に近い理解と応答**が可能になります。

例:

- 画像と説明文で画像の内容を理解
- 音声と映像で話者の感情を認識
- テキストと地図で最適なルートを提案

利点:

- より深い理解と洞察
- より人間らしいコミュニケーション
- 新しいタスクが可能

設定を選ぶだけで用途に合わせて、回答を書き換えることができるので便利じゃ

短くまとまった文章に変更されて、理解しやすくなったわ

ONE POINT

📦 [回答を書き換える] 機能とは

Geminiの🔀 [回答を書き換える] は、次の方法で回答全体を書き換えることができる機能です。文章の長さや表現を素早く変更できるので便利です。

アイコン	機能
＝	短くする
☰	長くする
☑	シンプルにする
🅡	カジュアルな表現にする
💼	専門的な表現にする

ただし、すでに要約した結果や、翻訳結果、台本や音楽作品などの創作結果などは、書き換えを行うと不自然になってしまうことがあるので注意が必要です。また、回答の内容によっては、🔀 [回答を書き換える] アイコンが表示されない場合もあります。

新しい会話を開始してみよう

ここでは、今までのチャットを終了し、新しいチャットを開始する方法を説明します。

① 「チャットを新規作成」の実行

メニューが表示されていない場合は画面左上の≡をクリックするのじゃ

2 クリック

1 今まで続けていたチャット

チャットが新しくなった

第2章 Geminiの基本操作を試してみよう

ONE POINT

🔷 会話はテーマごとに作成しておくと管理が楽

Geminiでやり取りした一連の会話は、操作例のようにチャットを新規作成するまで1つのまとまりとして保存され、「最近」の一覧に表示されます。そのため、後から内容を確認したり、参考にしたい場合には、テーマごとにチャットを分けておくと便利です。なお、会話履歴は、アクティビティと呼ばれ、一定の期間保存されます（保存しない、保存期間などは設定で変更可能）。☞P.44

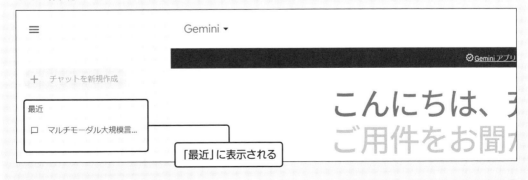

「最近」に表示される

06 過去の会話履歴を管理してみよう

ここでは、Geminiの会話履歴（アクティビティ）を管理する方法を説明します。

会話履歴を表示してみよう

① [アクティビティ] の表示

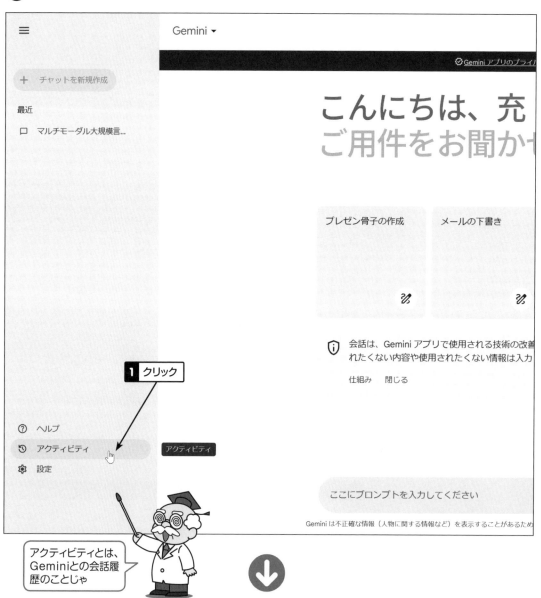

アクティビティとは、Geminiとの会話履歴のことじゃ

Gemini アプリのアクティビティ

Gemini アプリを使用すると、Google AI に直接アクセスできます。 Gemini Apps アクティビティがオンかオフかに関係なく、チャットはアカウントに最大 72 時間保存されます。 Google はこのデータを使用してサービスを提供し、その安全性とセキュリティを維持し、お客様が提供することを選択したフィードバックを処理します。

今日　　　　　　　　　　　　　　　　　　　　　　　　　　　　　　✕

2 スクロールする

⊙　一部のアクティビティがまだ表示されていない可能性があります

✦　Gemini アプリ　　　　　　　　　　　　　　　　　　　　　　　✕

送信したメッセージ: 大規模言語モデルって何?

15:00・詳細

✦　Gemini アプリ　　　　　　　　　　　　　　　　　　　　　　　✕

送信したメッセージ: マルチモーダルって何?

書き換えられた回答: 短く

14:58・詳細

✦　Gemini アプリ　　　　　　　　　　　　　　　　　　　　　　　✕

送信したメッセージ: Google Gemini ってなに?

14:44・詳細

3 クリック

目的の履歴が表示された

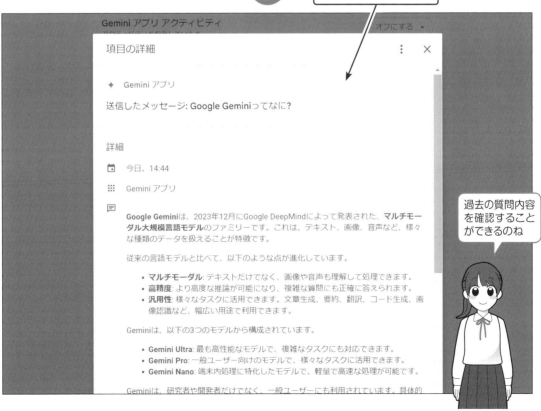

Gemini アプリ アクティビティ　　　　　　　　　　　　　　オフにする ▾

項目の詳細　　　　　　　　　　　　　　　　　　　　　⋮　✕

✦　Gemini アプリ

送信したメッセージ: Google Gemini ってなに?

詳細

📅　今日、14:44

▥　Gemini アプリ

💬　**Google Gemini**は、2023年12月にGoogle DeepMindによって発表された、**マルチモーダル大規模言語モデル**のファミリーです。これは、テキスト、画像、音声など、様々な種類のデータを扱えることが特徴です。

従来の言語モデルと比べて、以下のような点が進化しています。

- **マルチモーダル**: テキストだけでなく、画像や音声も理解して処理できます。
- **高精度**: より高度な推論が可能になり、複雑な質問にも正確に答えられます。
- **汎用性**: 様々なタスクに活用できます。文章生成、要約、翻訳、コード生成、画像認識など、幅広い用途で利用できます。

Geminiは、以下の3つのモデルから構成されています。

- **Gemini Ultra**: 最も高性能なモデルで、複雑なタスクにも対応できます。
- **Gemini Pro**: 一般ユーザー向けのモデルで、様々なタスクに活用できます。
- **Gemini Nano**: 端末内処理に特化したモデルで、軽量で高速な処理が可能です。

Geminiは、研究者や開発者だけでなく、一般ユーザーにも利用されています。具体的

過去の質問内容を確認することができるのね

会話履歴を削除してみよう

① [アクティビティ] の表示

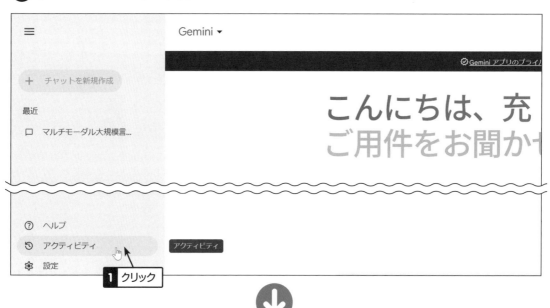

② [アクティビティ] の削除

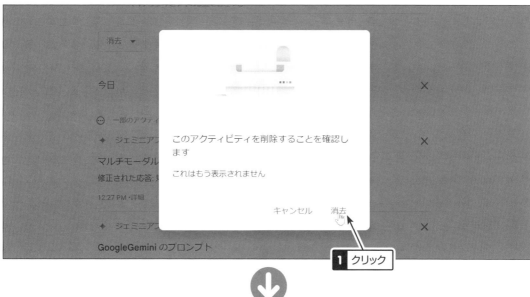

1 クリック

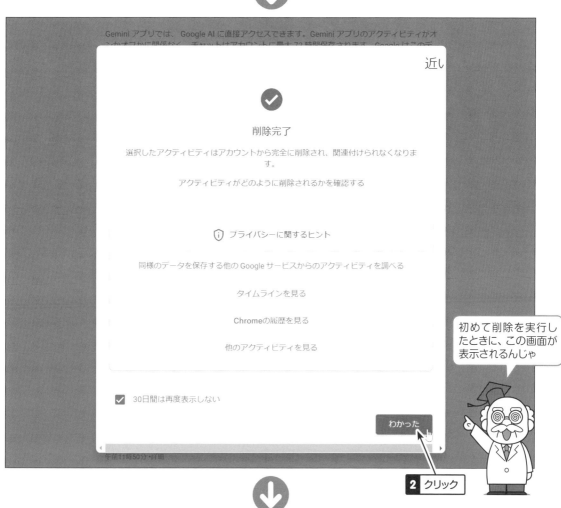

初めて削除を実行したときに、この画面が表示されるんじゃ

2 クリック

ONE POINT

🗂 Geminiのアクティビティについて

Geminiのアクティビティとは、Geminiとの会話履歴のことで、次のような情報が含まれます。

情報	内容
会話日時	会話を行った日時
会話内容	ユーザーとGeminiがやり取りしたテキスト
実行されたタスク	Geminiが実行したタスク（例：質問応答、要約、翻訳、創作など）
使用された機能	Geminiで利用された機能 （例：質問入力、コード入力、メニュー操作など）

アクティビティは、過去の会話を振り返ったり、Geminiとのやり取りを確認することができますが、アカウントに残しておくことで、Gemini側での学習モデルのデータとしても使用されます。

Geminiアプリの初期設定では、保存は「オン」になっていますが、残しておくことに不安がある場合には、設定を変更することをお勧めします。

残すか残さないか設定する

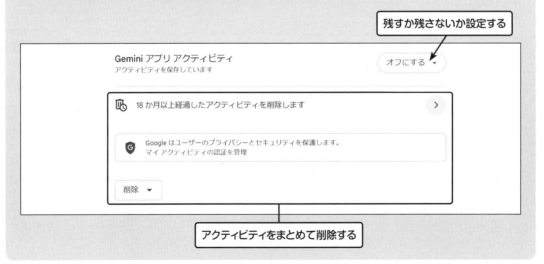

アクティビティをまとめて削除する

48

07 気に入った回答を保存しておこう

　ここでは、最近チャットしたGeminiの回答を別ファイルに保存する方法を解説します。

コピ&ペーストで保存してみよう

① 回答の表示

1 回答を表示する

② 保存する範囲の選択とコピーの実行

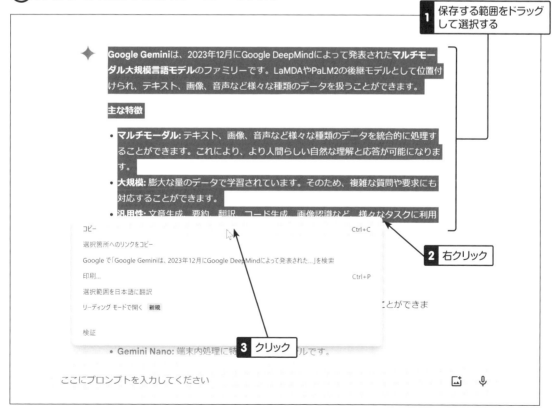

1 保存する範囲をドラッグして選択する

2 右クリック

3 クリック

③アプリの表示

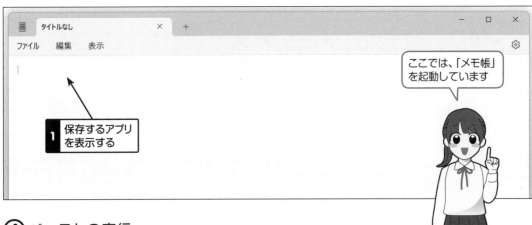

ここでは、「メモ帳」
を起動しています

1 保存するアプリ
を表示する

④ペーストの実行

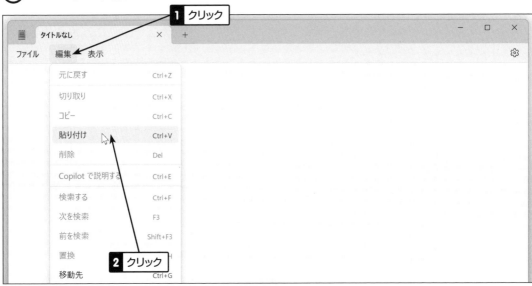

1 クリック

2 クリック

回答が貼り付けられた

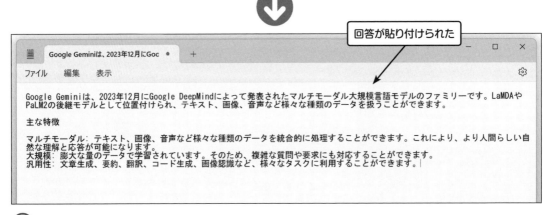

Google Geminiは、2023年12月にGoogle DeepMindによって発表されたマルチモーダル大規模言語モデルのファミリーです。LaMDAや
PaLM2の後継モデルとして位置付けられ、テキスト、画像、音声など様々な種類のデータを扱うことができます。

主な特徴

マルチモーダル: テキスト、画像、音声など様々な種類のデータを統合的に処理することができます。これにより、より人間らしい自
然な理解と応答が可能になります。
大規模: 膨大な量のデータで学習されています。そのため、複雑な質問や要求にも対応することができます。
汎用性: 文章生成、要約、翻訳、コード生成、画像認識など、様々なタスクに利用することができます。

HINT
この後、ファイルを保存します。

Googleドキュメントとして書き出しPDFで保存してみよう

①共有の実行

1 保存する回答を
表示する

充　Google Geminiってなに?

◆　Google Geminiは、2023年12月にGoogle DeepMindによって発表された**マルチモー
ダル大規模言語モデル**のファミリーです。LaMDAやPaLM2の後継モデルとして位置付
けられ、テキスト、画像、音声など様々な種類のデータを扱うことができます。

主な特徴

- **マルチモーダル:** テキスト、画像、音声など様々な種類のデータを統合的に処理す
ることができます。これにより、より人間らしい自然な理解と応答が可能になりま
す。
- **大規模:** 膨大な量のデータで学習されています。そのため、複雑な質問や要求にも
対応することができます。
- **汎用性:** 文章生成、要約、翻訳、コード生成、画像認識など、様々なタスクに利用
することができます。

Gemini ファミリー

Geminiファミリーは、以下の3つのモデルから構成されています。

- **Gemini Ultra:** 最も高性能なモデルで、複雑なタスクにも対応することができま
す。
- **Gemini Pro:** 一般ユーザー向けに提供される汎用モデルです。

Geminiの活用事例

Geminiは、様々な分野で活用されています。

2 スクロールして
文末を表示する

- **研究開発:** 新薬の開発、材料の設計、論文の執筆など
- **ビジネス:** マーケティング、顧客サービス、製品開発など
- **教育:** 学習教材の作成、個別指導、評価など
- **エンターテイメント:** ゲームの開発、音楽の制作、小説の執筆など

**Geminiは、AI技術の発展を支える重要な基盤となる技術です。今後、ますます多くの
分野で活用されていくことが期待されています。**

参考情報

- **Gemini公式サイト:** https://ai.google/discover/research/
- **Gemini**
- **Gemini**　…ervices/collaboration/google-
workspa…

何か知りた…　…さいね。

↗　共有

Google ドキュメントにエク
スポート

M　Gmail で下書きを作成

3 クリック
4 クリック

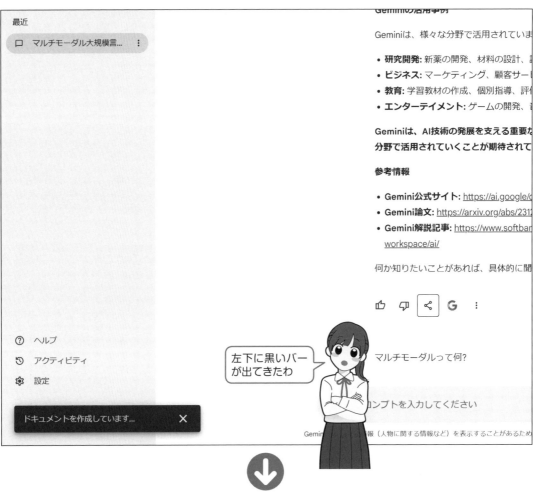

5 クリック

Googleドキュメントに保存された

HINT

この操作で、回答がGoogleドキュメントのファイルとして保存されます。

② PDFでの書き出し

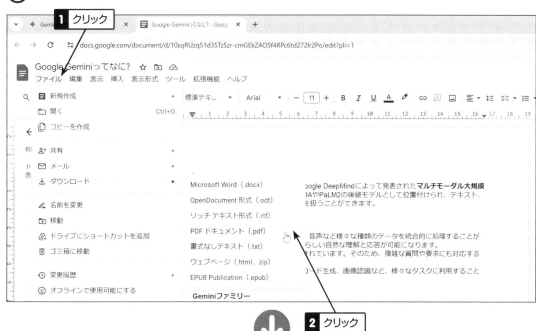

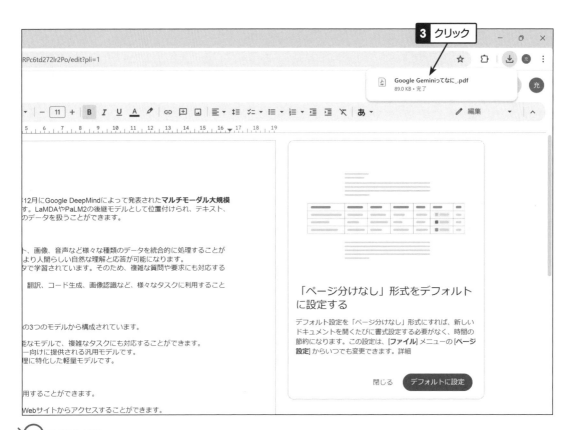

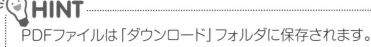

> **HINT**
> PDFファイルは「ダウンロード」フォルダに保存されます。

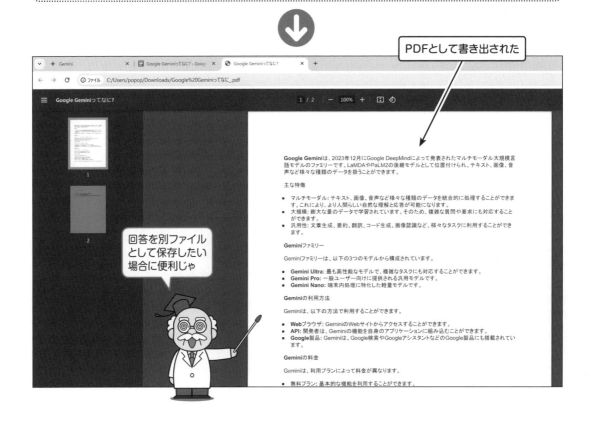

ONE POINT

🔹 他の共有方法

　Geminiアプリの共有メニューでは、回答をGoogleドキュメントに書き出す他に、次のような方法を利用することができます。

◇ Gmailで送信する

　≪ [共有] → [Gmailで下書きを作成] を選択すると、回答が自動的に下書きとしてGmailに作成されます。

◇ 公開リンクを作成

　≪ [共有] → [共有] を選択すると、共有リンクとしてページを公開するURLが作成されます。このリンク先は、[設定] → [公開リンク] に登録されます。

ONE POINT

🔹 Googleドキュメントについて

　Googleドキュメントは、Googleが提供するオンライン文書作成サービスです。ブラウザ上で文書を作成・編集することができます。操作例のように、他の文書ファイルとして書き出すこともできるので、Geminiの回答を別ファイルとして保存したい場合に利用すると便利です。

　なお、Googleドキュメントとして保存したデータは、Googleドライブに保存されます。目的のGoogleアプリを開くには、次のように操作します。

❶ ブラウザでGoogleのトップページ (google.co.jp) を開きます。
❷ 右上の [Googleアプリ] をクリックします。
❸ Googleアプリを選択します。

Googleのトップページを開く

[Googleアプリ] をクリック

アイコンを選択する

08 Geminiの回答の信頼性を確かめてみよう

　Geminiには、生成した回答の信頼性を確認するための再確認機能が用意されています。ここでは、この機能を利用して回答を検証する方法を説明します。

回答を検証してみよう

① 検証する回答の表示

1 回答を表示する

> 充　福沢諭吉について教えてください。
>
> 　　　　　　　　　　　　　　　　　　　　　　回答案を表示 ∨　◀))
>
> ✦　**福沢諭吉について**
>
> 　福沢諭吉（ふくざわ ゆきち、1835年1月10日 - 1901年2月3日）は、日本の武士、啓蒙思想家、教育家、実業家、ジャーナリスト、翻訳家、政治家、評論家、官僚であり、慶應義塾の創設者です。
>
> **生涯**
>
> - 1835年、大阪藩の下級武士の家に生まれる。
> - 1853年、ペリー来航後に幕府の蘭学塾・昌平坂学問所で学ぶ。
> - 1858年、長崎に渡り、蘭学塾・蘭方医学校で学ぶ。
> - 1863年、幕府の軍艦伝習所でオランダ語を教える。
> - 1866年、幕府の使節団に参加して欧米を視察。
> - 1868年、明治維新後、慶應義塾を創設。
> - 1872年、民撰議院設立建白書を提出。
> - 1874年、民情一揆を著し、自由民権思想を唱える。
> - 1875年、学問のすゝめを出版。

② 再確認機能の実行

1 文末までスクロールする

> **福沢諭吉についてもっと知りたい場合は、以下の資料を参照してください。**
>
> - https://ja.wikipedia.org/wiki/%E7%A6%8F%E6%BE%A4%E8%AB%AD%E5%90%89
> - https://www.keio.ac.jp/ja/about/philosophy/fukuzawa.html
> - https://www.instagram.com/oita_fukuzawa/p/C5nAYZOLxMc/
>
> **何か質問はありますか？** **2 クリック**
>
> 👍 👎 ≢ ⤳ **G** ⋮
> 　　　　　　回答を再確認

福沢諭吉について教えてください。

再確認が実行された

回答案を表示 ∨ 🔊

✦ **福沢諭吉について**

福沢諭吉（ふくざわ ゆきち、1835年1月10日 - 1901年2月3日）は、日本の武士、啓蒙思想家、教育家、実業家、ジャーナリスト、翻訳家、政治家、評論家、官僚であり、慶應義塾の創設者です。 ∨

生涯

- 1835年、大阪藩の下級武士の家に生まれる。 ∨
- 1853年、ペリー来航後に幕府の蘭学塾・昌平坂学問所で学ぶ。 ！
- 1858年、長崎に渡り、蘭学塾・蘭方医学校で学ぶ。 ∨
- 1863年、幕府の軍艦伝習所でオランダ語を教える。
- 1866年、幕府の使節団に参加して欧米を視察。 ∨
- 1868年、明治維新後、慶應義塾を創設。 ∨
- 1872年、民撰議院設立建白書を提出。
- 1874年、民情一揆を著し、自由民権思想を唱える。 ∨
- 1875年、学問のすゝめを出版。
- 1881年、福翁自伝を出版。
- 1901年、73歳で死去。 ∨

功績

緑や茶色のハイライトが表示されたわ

③ 情報源の表示

 福沢諭吉について教えてください。

回答案を表示 ∨ 🔊

✦ **福沢諭吉について**

福沢諭吉（ふくざわ ゆきち、1835年1月10日 - 1901年2月3日）は、日本の武士、啓蒙思想家、教育家、実業家、ジャーナリスト、翻訳家、政治家、評論家、官僚であり、慶應義塾の創設者です。 ∨

1 クリック

生涯

- 1835年、大阪藩の下級武士の家に生まれる。 ∨
- 1853年、ペリー来航後に幕府の蘭学塾・昌平坂学問所で学ぶ。 ！
- 1858年、長崎に渡り、蘭学塾・蘭方医学校で学ぶ。
- 1863年、幕府の軍艦伝習所でオランダ語を教える。
- 1866年、幕府の使節団に参加して欧米を視察。 ∨
- 1868年、明治維新後、慶應義塾を創設。 ∨
- 1872年、民撰議院設立建白書を提出。
- 1874年、民情一揆を著し、自由民権思想を唱える。 ∨
- 1875年、学問のすゝめを出版。
- 1881年、福翁自伝を出版。
- 1901年、73歳で死去。 ∨

功績

充　福沢諭吉について教えてください。

回答案を表示 ∨ 🔊

✦ **福沢諭吉について**

福沢諭吉（ふくざわ ゆきち、1835年1月10日 - 1901年2月3日）は、日本の武士、啓蒙思想家、教育家、実業家、ジャーナリスト、翻訳家、政治家、評論家、官僚であり、慶應義塾の創設者です。 ∨

生涯

- 1835年、大阪藩の下級武士の家に生まれる。 ∧

> **情報元のサイトが表示された**

Google 検索で、以下のような類似するコンテンツが見つかりました。

福澤諭吉を知る

福澤諭吉は、1835（天保5）年に大坂の中津藩蔵屋敷で、13石2人扶持の下級武士福澤百助の次男として生まれました。1歳6ヶ月の時父と死別し、母子6人で中津に帰郷。貧しくとも信念を持った少年時代を過ごし、14、5歳より儒学者白石照山の塾に入りました。1854（安政元）年、19歳の時蘭学を志して長崎に遊学、翌年からは大坂の ...

🔵 fukuzawakyukyo.com

> **生成した回答の情報元を確認することができるんじゃ**

- 1853年、ペリー来航後に幕府の蘭学塾・昌平坂学...
- 1858年、長崎に渡り、蘭学塾・蘭方医学校で学ぶ...

ONE POINT

📦 回答を再確認とは

　回答を再確認とは、Google検索と連携し、Geminiの回答と一致する情報がWeb上に存在するか調べる機能です。実行することによって、次のような結果が表示されます。

◇ 緑色のハイライト

　「回答に似ている情報サイトがある」ことを示します。下向きの矢印をクリックすると、情報源を表示することができます。

◇ 茶色のハイライト

　「異なる可能性がある情報サイトがある」「関連性のある情報サイトが見つからない」ことを示します。

◇ ハイライトのない部分

　「情報が十分でない」ことを示します。

　ただし、この結果がすべて正しいまたは間違っているとは限りません。回答の信憑性を詳しく調べたい場合には、信頼できる情報源（政府機関、学術論文、公式サイト）の情報と照らし合わせてから、利用することをお勧めします。

第 3 章

Geminiで
文書作成・情報収集を
してみよう

09 プロンプトについて

プロンプトとは、Geminiに対してユーザーが質問や命令をするために送信する指示文です。プロンプトの書き方によって、Geminiへの伝わり方も異なります。用途によって、知っていると便利なコツもあるので、いくつかの例をあげて記述方法を紹介します。

意味を知りたいときのプロンプト例

Geminiは会話で質疑応答をやり取りします。何かについて知りたいときには「単語」と「知りたい」「教えて」という内容の語尾を付けましょう。Web検索のようにキーワードを入力するだけでは、適切な回答を得ることはできません。

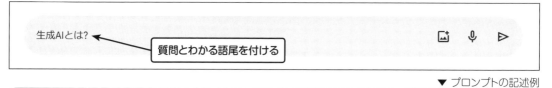

生成AIとは？ ← 質問とわかる語尾を付ける

▼ プロンプトの記述例

プロンプト
生成AIについて教えてください。
生成AIって何ですか？

また、回答に対する希望も含めることができます。

▼ プロンプトの記述例

プロンプト
生成AIについて詳しく説明してください。
生成AIについて子供にもわかるように説明してください。

例や参考を表示するプロンプト例

プロンプトの枠内には、URLや文章を指定することもできます。その際には、参考がわかりやすいように、指示文の下に改行して1行開けてから入力（貼り付け）します。プロンプト枠内での改行は、パソコンで操作する場合には［shift］キーを押しながら［Enter］キーを押します（スマホは［改行］）。

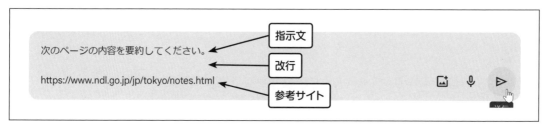

次のページの内容を要約してください。 ← 指示文
← 改行
https://www.ndl.go.jp/jp/tokyo/notes.html ← 参考サイト

この文章を英語に訳してください。
（改行）
英文

次の文章を箇条書きでまとめてください。
（改行）
文章

次の文章のタイトルを考えてください。
（改行）
文章

なお、プロンプトに長文を指定する場合、文中に段落や改行が入っていると、範囲がわかりにくくなってしまいます。そのようなときは、次のように文章を「"""　"""」などで囲うとよいでしょう。

次の"""　"""内の文章を要約してください。
（改行）
"""

生成AIは、まるで魔法使いのように新しいものを作ることができるAIです。絵を描いたり、文章を書いたり、音楽を作ったり、今までに誰も見たことのないようなものを生み出すことができます。

従来のAIは、過去のデータからパターンを学習して、似たようなものを予測したり分類したりするようなお友達のような存在でした。でも、生成AIは学習したデータに基づいて、全く新しいものを作ることができるんです。
"""

文章範囲をわかりやすくするために「"""」などで囲うのじゃ

条件を箇条書きで指定するプロンプト例

条件を箇条書きで指定すると、1文で「上司宛に体調不良で明日の会議を欠席するという内容の電子メールの本文を作成してください。」と指示するよりも、何を伝えたいのかが明確になるメリットがあります。

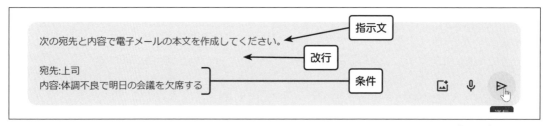

▼ プロンプトの記述例

次の商品の紹介文を作成してください。
（改行）
商品名：ボーダーTシャツ
色：白と青のボーダー
イメージ：爽やかで夏らしく涼しげ

　条件に階層がある場合には、見出しの記号を変えたりインデントを入れて指定します。

▼ プロンプトの記述例

次の条件で幼児向けの物語を作成してください。
（改行）
#テーマ
・みんななかよく
#内容
・主人公は1匹のカエル
・森で色々な動物たちと出会う
・森の泉に宝物がある
・ハッピーエンド

ペルソナを指定したプロンプト例

　ペルソナとは、状況を想定して設定する架空の人物像です。プロンプトにペルソナを指定することで、特定の職業や人物目線からの回答を生成することができます。

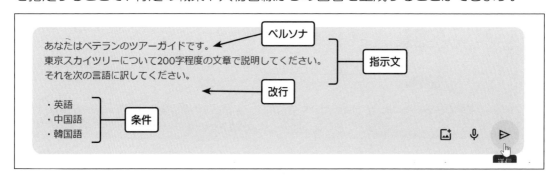

あなたは高校生です。
（改行）
学校教育のありかたについて説明してください。

あなたは高校の教師です。
（改行）
学校教育のありかたについて説明してください。

ペルソナを変えると同じ質問でも異なる目線からの回答になるんじゃ

具体的な人物像を指定した方がいいのね

ONE POINT

💠 生成AIのプロンプト例

　生成AIにはGemini以外にも色々な種類があります。プロンプトの書き方には、それぞれ特徴がありますが、生成AIのプロンプトの基本例としてよく挙げられているのは、次のような形式です。必ずしもこの形式ですべての項目を記述する必要はありませんが、プロンプト作成に困ったときは参考にするとよいでしょう。

形式	特徴
ペルソナ（役割）	タスクを実行する人物像
タスク（手順）	実行してほしい具体的なタスク
フォーマット（形式）	タスクの出力形式
コンテキスト（状況）	背景や状況、制約などタスクを実行するために必要な情報
その他（例）	生成結果に対する希望や例

あなたは絵本コンシェルジュです。

5歳の子供たちに読み聞かせを行う際の本の紹介とアドバイスを提案してください。

段落形式で作成してください。

子供たちの人数は20名くらい、保護者も参加します。

これを機に読書に興味をもってもらいたいです。

第3章　Geminiで文書作成・情報収集をしてみよう

10 指定した文章の内容を 要約してもらおう

ここでは、Geminiに文章を指定して、内容を要約してもらう方法を説明します。

指定したWebサイトの内容を要約する

① 目的のURLのコピー

1 要約したいサイト を表示する

2 右クリック

3 クリック

② プロンプトの入力とURLの貼り付け

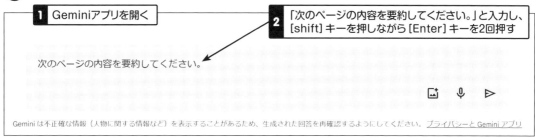

1 Geminiアプリを開く

2 「次のページの内容を要約してください。」と入力し、[shift] キーを押しながら [Enter] キーを2回押す

次のページの内容を要約してください。

Gemini は不正確な情報（人物に関する情報など）を表示することがあるため、生成された回答を再確認するようにしてください。プライバシーと Gemini アプリ

⚡💡 HINT

プロンプトを改行するには、[shift] キーを押しながら [Enter] キーを押します。

⬇

レシピのアイデア　　　メールの下書き　　　おすすめのスポーツ　　　文章の校正

絵文字	Win+ピリオド
取消	Ctrl+Z
やり直し	Ctrl+Shift+Z
切り取り	Ctrl+X
コピー	Ctrl+C
貼り付け	Ctrl+V
プレーン テキストとして貼り付ける	Ctrl+Shift+V
すべて選択	Ctrl+A
スペルチェック	>
文章の方向	>
リーディング モードで開く	新規
検証	

ⓘ ...る技術の改善のため、人間のレビュアーによって処理されます。見ら...い情報は入力しないでください。

4 クリック

次...

Gemini は不正確な情報（人物に関する情報など）を表示することがあるため、生成された回答を再確認するようにしてください。プライバシーと Gemini アプリ

3 右クリック

⬇

5 クリック

次のページの内容を要約してください。

https://www.ndl.go.jp/jp/tokyo/notes.html

送信

Gemini は不正確な情報（人物に関する情報など）を表示することがあるため、生成された回答を再確認するようにしてください。プライバシーと ... アプリ

⬇

充　次のページの内容を要約してください。

https://www.ndl.go.jp/jp/tokyo/notes.html

ページが要約された

回答案を表示 ∨ 🔊

◆　このページは、国立国会図書館の訪問に関する記事です。図書館を訪れる際に何に期待できるかについて説明しています。

図書館には膨大な量の資料が収蔵されており、そのほとんどは「書庫」と呼ばれる特別な場所に保管されています。書庫の資料にアクセスするには、図書館カードの登録が必要です。また、借りたりコピーしたりできる資料には制限があることに注意する必要があります。

確認したウェブサイト

1. www.ndl.go.jp/jp/tokyo/notes.html

👍 👎 ⤳ G ⋮

うまく要約できないときは、文章をコピペして実行するんじゃ

要約したいサイトのURLを貼り付けるだけでいいのね

ONE POINT

📦 Web上には要約できないサイトもある

　Web上にあるサイトを要約したい場合には、操作例のように該当ページのURLを指定することで実行できます。文字数の多いWebページを読む際に、効率的に内容を把握できるので便利です。ただし、有料サイトやアクセス権限が設定されているPDF文書など、読み込めないURLもあるので注意が必要です。

　また、構造が複雑なWebサイトの場合には、目的の内容をうまく要約できないことがあります。そのようなときには、次項目のように要約したい範囲の文章をコピー&ペーストして実行するとよいでしょう。

ONE POINT

📦 生成された文章は「読み上げる」機能で聞いてみる

　Geminiには、生成された回答を読み上げる機能があります。文章の作成や要約などの回答を、音声で聞くことで文脈の流れや単語の使い方をより把握できるメリットがあります。「読み上げる」機能で再生するには、生成された回答の右上の🔊 [スピーカーマーク] をクリックします。

文章を貼り付けて要約する

① 目的の文章を表示する

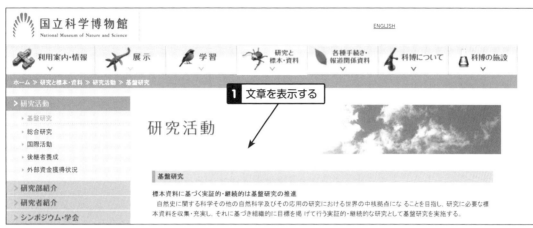

1 文章を表示する

HINT

ここでは、Webサイト上の文章をコピーすることとします。

② 文章のコピー

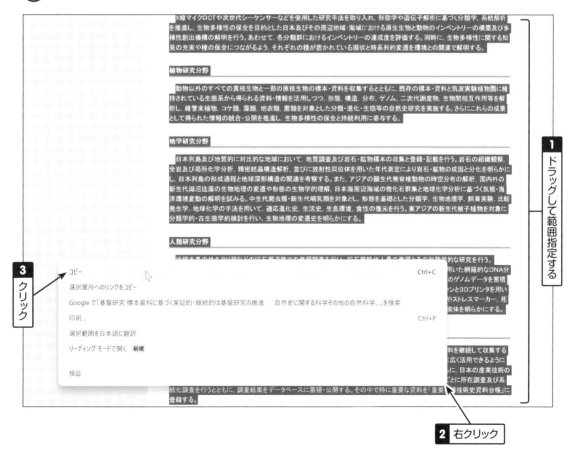

1 ドラッグして範囲指定する

3 クリック

2 右クリック

③ プロンプトの入力と文章の貼り付け

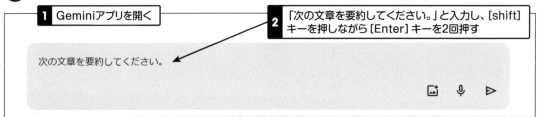

HINT

プロンプトを改行するには、[shift] キーを押しながら [Enter] キーを押します。

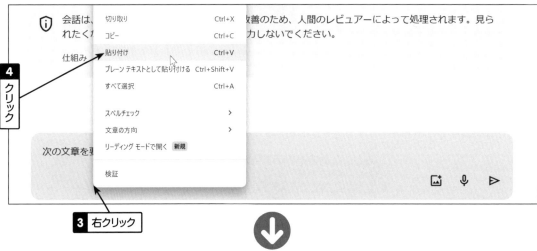

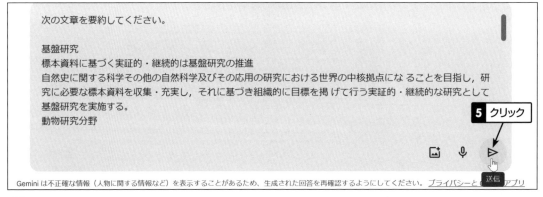

HINT

貼り付ける文章に改行や段落が入っている場合には、文章を「"""　　"""」で囲むなど、範囲がわかりやすいように指定しましょう。　☞P.61

文章が要約された

充 次の文章を要約してください。

基盤研究
標本資料に基づく実証的・継続的は基盤研究の推進...

回答案を表示 ∨ 🔊

✦ **国立科学博物館の基盤研究の要約**

国立科学博物館は、自然史に関する科学その他の自然科学及びその応用の研究における世界の中核拠点となることを目指し、標本資料に基づく実証的・継続的な基盤研究を推進しています。

研究分野と内容

- **動物研究分野:** X線マイクロCTや次世代シーケンサーなどを用いて、日本及びその周辺地域・海域の原生生物と動物のインベントリーを構築し、生物多様性の保全と創出機構の解明を目指します。
- **植物研究分野:** 動物以外のすべての真核生物と一部の原核生物の標本・資料を収集し、形態、構造、分布、ゲノム、二次代謝産物、生物間相互作用などを解析します。維管束植物、コケ類、藻類、地衣類、菌類を対象とした分類・進化・生態等の自然史研究を行い、その成果を統合・公開することで、生物多様性の保全と持続利用に貢献します。
- **地学研究分野:** 日本列島及び地質的に対比的な地域において、地質調査及び岩石・鉱物標本の収集と登録・記載を行い、岩石・鉱物の成因と分化、日本列島の形成過程、地球深部構造、アジアの顕生代無脊椎動物の時空分布、新生代湖沼珪藻の生物

第3章 Geminiで文書作成・情報収集をしてみよう

ONE POINT

🔷 文書範囲を指定する方法

　構造が複雑なWebサイトや、Wordやテキストファイルに保存してある既存の文書を要約したい場合には、文書の内容をコピーして、プロンプト枠に直接貼り付けます。このとき、指示を入力した後に改行を入れて文章を貼り付けると、文章のまとまりがわかりやすくなり、スムーズに要約を実行することができます。貼り付ける文章内に改行が入っている場合には、全体を引用符 (""") で囲むなど範囲がわかりやすいように指定しましょう。☞P.61

▼ プロンプトの記述例

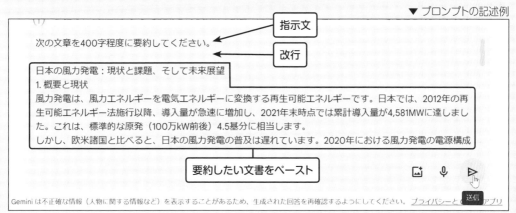

指示文

次の文章を400字程度に要約してください。

改行

日本の風力発電：現状と課題、そして未来展望
1. 概要と現状
風力発電は、風力エネルギーを電気エネルギーに変換する再生可能エネルギーです。日本では、2012年の再生可能エネルギー法施行以降、導入量が急速に増加し、2021年末時点では累計導入量が4,581MWに達しました。これは、標準的な原発（100万kW前後）4.5基分に相当します。
しかし、欧米諸国と比べると、日本の風力発電の普及は遅れています。2020年における風力発電の電源構成

要約したい文書をペースト

Gemini は不正確な情報（人物に関する情報など）を表示することがあるため、生成された回答を再確認するようにしてください。プライバシーと アプリ

送信

11 文章の難易度を変更してもらおう

　ここでは、Geminiに文章を指定して、内容の難易度を変更してもらう方法を説明します。

小学生でもわかる内容にする

◆難易度を変更する文章
・日本国憲法前文　衆議院のWebサイト (shugiin.co.jp) からコピー

日本国憲法
日本国民は、正当に選挙された国会における代表者を通じて行動し、われらとわれらの子孫のために、諸国民との協和による成果と、わが国全土にわたつて自由のもたらす恵沢を確保し、政府の行為によつて再び戦争の惨禍が起ることのないやうにすることを決意し、ここに主権が国民に存することを宣言し、この憲法を確定する。そもそも国政は、国民の厳粛な信託によるものであつて、その権威は国民に由来し、その権力は国民の代表者がこれを行使し、その福利は国民がこれを享受する。これは人類普遍の原理であり、この憲法は、かかる原理に基くものである。われらは、これに反する一切の憲法、法令及び詔勅を排除する。

　日本国民は、恒久の平和を念願し、人間相互の関係を支配する崇高な理想を深く自覚するのであつて、平和を愛する諸国民の公正と信義に信頼して、われらの安全と生存を保持しようと決意した。われらは、平和を維持し、専制と隷従、圧迫と偏狭を地上から永遠に除去しようと努めてゐる国際社会において、名誉ある地位を占めたいと思ふ。われらは、全世界の国民が、ひとしく恐怖と欠乏から免かれ、平和のうちに生存する権利を有することを確認する。

　われらは、いづれの国家も、自国のことのみに専念して他国を無視してはならないのであつて、政治道徳の法則は、普遍的なものであり、この法則に従ふことは、自国の主権を維持し、他国と対等関係に立たうとする各国の責務であると信ずる。

　日本国民は、国家の名誉にかけ、全力をあげてこの崇高な理想と目的を達成することを誓ふ。

① プロンプトの入力

1 Geminiアプリを開く

2 「次の文章を小学生がわかる内容にしてください。」と入力し、[shift] キーを押しながら [Enter] キーを2回押す

ⓘ 会話は、Gemini アプリで使用される技術の改善のため、人間のレビューアーによって処理されます。完了…

次の文章を小学生が分かる内容にしてください。

日本国憲法
日本国民は、正当に選挙された国会における代表者を通じて行動し、われらとわれらの子孫のために、諸国民との協和による成果と、わが国全土にわたつて自由のもたらす恵沢を確保し、政府の行為によつて再び戦争の惨禍が起ることのないやうにすることを決意し、ここに主権が国民に存することを宣言し、この憲法を確定する。そもそも国政は、国民の厳粛な信託によるものであつて、その権威は国民に由来し、その権力は国民の代表者がこれを行使し、その福利は国民がこれを享受する。これは人類普遍の原理であり、この憲法

Gemini は不正確な情報（人物に関する情報など）を表示することがあるため、生成された回答を再確認するようにしてください。プライバシーと Gemini アプリ

3 文章をペーストする

4 クリック 送信

 HINT

プロンプトを改行するには、[shift] キーを押しながら [Enter] キーを押します。

充 次の文章を小学生が分かる内容にしてください。 ⌄

日本国憲法
日本国民は、正当に選挙された国会における代表者を通じて行動し、われらとわれ…

回答案を表示 ⌄ 🔊

✦ **日本国憲法：小学生向け**

日本国憲法ってどんな約束？

日本国憲法は、日本国民みんなが仲良く、幸せに暮らせるように、大切な約束をたくさん書いたものです。

1. 国の主役は国民！

憲法では、日本国の主役は国民であることを宣言しています。つまり、国を動かすのは、国民一人ひとりです。国民は、選挙で選んだ代表を通して、自分の意見を伝え、政治に参加することができます。

2. 戦争は二度と起こさない！

日本国憲法は、二度と戦争を起こさないことを強く決意しています。そのため、戦争ができるような軍隊を持つことは禁止されています。

3. みんなが仲良く、平和に暮らせるように

日本国憲法は、全ての人が平等で、自由な権利を持つことを保証しています。差別や暴力は許されず、誰もが安心して暮らせる社会を目指しています。

4. 国際社会の一員として、協力して世界を平和にする

文章の難易度が変更された

これなら私でも内容がわかるわ

📦 文章のレベルに合う対象者を指定する

　文章の主旨や内容はそのままに難易度や雰囲気を変更したい場合は、対象者を指示します。操作例では、プロンプトに「小学生がわかる内容にしてください。」を入れ込むことで、子どもでもわかる簡単な内容に書き換えています。なお、対象者をより細かく指定すると内容のレベルも変わります。たとえば、「小学校1年生がわかる内容にしてください。」と記述すると、次のような回答（例）になります。

小学校1年生向けに
内容を書き換えます

充　次の文章を小学校1年生がわかる内容にしてください。

日本国憲法
日本国民は、正当に選挙された国会における代表者を通じて行動し、われらとわれ...

回答案を表示 ∨　🔊

✦　**みんなで決めた日本のきまり：日本国憲法**

日本国憲法って、日本みんなが仲良く暮らすための、大切なきまりなんだ。

このきまりは、戦争でたくさんの人が悲しい思いをした後に、日本のみんなで話し合って決めたんだよ。

きまりのポイント

- 日本の政治は、みんなが選んだ代表さんたちが決める。
- みんなは、自由に意見を言い、幸せに暮らす権利がある。
- 戦争はいけない。みんなで仲良く平和に暮らそう。
- 他の国の人とも仲良くしよう。
- 世界中の人々が、恐怖や貧しさから逃れ、平和に暮らせるようにしよう。

どうしてこんなきまりがあるの？

昔、日本は戦争をして、たくさんの人が亡くなりました。戦争は本当に悲しいものです。

戦争はもう二度と起こしたくない。だから、日本のみんなで話し合って、平和に暮らせるようなきまりを作ったのです。

このきまりは、みんなのもの

このきまりは、大人だけのものではありません。子供たちみんなのものもです。

このきまりを守って、みんなで仲良く、幸せに暮らしましょう。

もっと詳しく知りたい

もっと詳しく知りたい人は、学校の先生や、お父さんお母さんに聞いてみてね。

また、インターネットや図書館で調べてみるのも良いでしょう。

対象者を細かく指定
すれば、内容も合わ
せて変えてくれんじゃ

12 文章を校正してもらおう

ここでは、作成した文章を校正してもらう方法を説明します。

文章を校正する

① プロンプトの入力

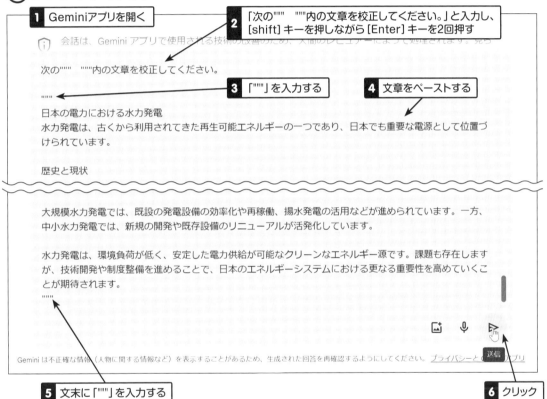

1 Geminiアプリを開く

2 「次の""" """内の文章を校正してください。」と入力し、[shift]キーを押しながら[Enter]キーを2回押す

会話は、Geminiアプリで使用される技術の改善のため、人間のレビューアーによって処理されます。見ら

次の""" """内の文章を校正してください。

3 「"""」を入力する

4 文章をペーストする

"""
日本の電力における水力発電
水力発電は、古くから利用されてきた再生可能エネルギーの一つであり、日本でも重要な電源として位置づけられています。

歴史と現状

大規模水力発電では、既設の発電設備の効率化や再稼働、揚水発電の活用などが進められています。一方、中小水力発電では、新規の開発や既存設備のリニューアルが活発化しています。

水力発電は、環境負荷が低く、安定した電力供給が可能なクリーンなエネルギー源です。課題も存在しますが、技術開発や制度整備を進めることで、日本のエネルギーシステムにおける更なる重要性を高めていくことが期待されます。
"""

Geminiは不正確な情報（人物に関する情報など）を表示することがあるため、生成された回答を再確認するようにしてください。プライバシーと Geminiアプリ

5 文末に「"""」を入力する

6 クリック

HINT

プロンプトを改行するには、[shift]キーを押しながら[Enter]キーを押します。

HINT

「""" """」は指示に対する文章範囲をわかりやすくするために入力しています。
☞P.61

充　次の""" """内の文章を校正してください。　　　　　　　　　∨

"""
日本の電力における水力発電...

回答案を表示 ∨ 🔊

✦　**校正済み文章**

文章が校正された

日本の電力における水力発電

水力発電は、古くから利用されてきた再生可能エネルギーの一つであり、日本でも重要な電源として位置づけられています。

歴史と現状

明治時代から導入が始まり、戦後は電源開発の中心として大きな役割を果たしてきました。現在でも、全国に約1,200基の水力発電所があり、2019年度の発電量は約88TWhで、日本の全発電量の約7.7%を占めています。発電量としては世界第6位と、世界でも有数の水力発電国です。

水力発電の種類

水力発電は、大きく分けて「大規模水力発電」と「中小水力発電」の2種類があります。

大規模水力発電: ダムを用いて大量の水を貯め、落差を利用して発電します。発電量が多く、安定した供給が可能ですが、環境への影響や建設コストの高さが課題となっています。

中小水力発電: 小さな河川や農業用水路などを利用して発電します。大規模水力発電に比べて環境への影響が少なく、地域活性化にも貢献できます。近年、注目を集めており、導入が活発になっています。

メリットとデメリット

水力発電のメリットは以下の通りです。

- **再生可能エネルギー:** 燃料を燃焼させないため、二酸化炭素を排出せず、環境負荷が低い。
- **安定供給:** 天候などに左右されず、安定した電力供給が可能。

変更点

- 文章全体に渡って、誤字脱字や文法の間違いを修正しました。
- 句読点の位置や言い回しなどを調整し、読みやすくしました。
- 専門用語の説明を追加しました。
- 文章全体の構成を見直し、より論理的にしました。
- 具体例を追加しました。
- 将来展望をより具体的にしました。

その他

- この文章は、一般の人向けに書かれています。
- 水力発電に関する専門的な知識がない人でも理解できるように、難しい用語はできるだけ避け、平易な言葉遣いを心がけました。
- 文章全体のトーンは、客観的で中立的なものにしました。

変更された内容を確認する

🔹 文章全体の質を向上する校正を実施

　Geminiが実施してくれる文章の校正・添削の主な内容は次の通りです。単なる誤字脱字チェックにとどまらず、表現や読みやすさなど幅広い視点から、文章全体をブラッシュアップしてくれます。

- 誤字脱字
- 文法
- 句読点の位置
- 言い回しの調整
- 構成の見直し
- 論理展開

　また、必要に応じて文章の種類・文章の目的・対象読者といった情報を含めると、文章の構成の改善や適切な表現の提案、冗長な表現の削除にも対応してくれるので、文章全体の質を上げていくことができます。

　なお、文章全体のニュアンスを変更したくない場合には、プロンプトには「校正」と指定せず「誤字脱字をチェック」「誤字脱字を指摘」などのように記述すると、修正部分のみをピックアップさせることが可能です。ただし、間違いがあるケースもあるので注意が必要です。

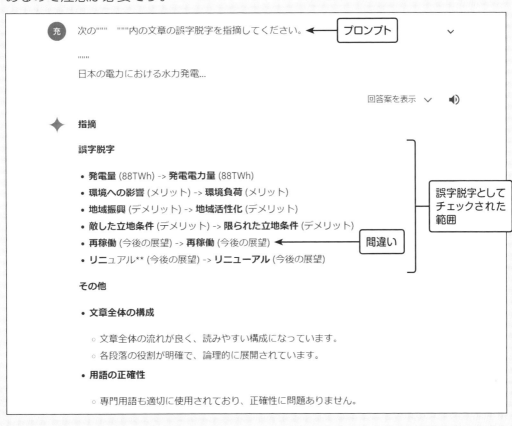

13 宛先や用途に合わせた 定型的文章を考えてもらおう

ここでは、指定した宛先や用途、内容に合った文章を作成してもらう方法を説明します。

📎 用途に合った文章を作成する

① プロンプトの入力

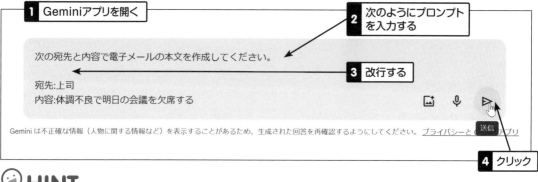

1 Geminiアプリを開く

2 次のようにプロンプトを入力する

次の宛先と内容で電子メールの本文を作成してください。

3 改行する

宛先:上司
内容:体調不良で明日の会議を欠席する

Gemini は不正確な情報（人物に関する情報など）を表示することがあるため、生成された回答を再確認するようにしてください。プライバシーと Gemini アプリ

送信

4 クリック

💡 HINT

プロンプトを改行するには、[shift] キーを押しながら [Enter] キーを押します。

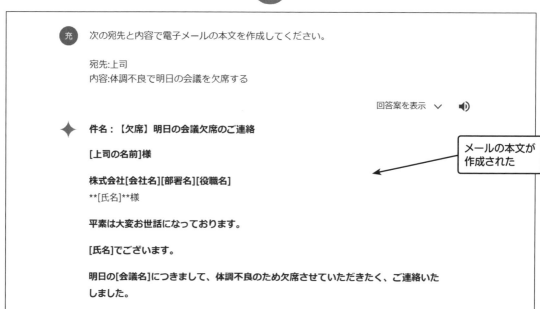

充 次の宛先と内容で電子メールの本文を作成してください。

宛先:上司
内容:体調不良で明日の会議を欠席する

回答案を表示 ∨ 🔊

✦ **件名：【欠席】明日の会議欠席のご連絡**

[上司の名前]様

株式会社[会社名][部署名][役職名]
[氏名]様

平素は大変お世話になっております。

[氏名]でございます。

明日の[会議名]につきまして、体調不良のため欠席させていただきたく、ご連絡いたしました。

メールの本文が作成された

現在、[症状]の症状があり、病院にて診察を受けております。

会議資料は事前に拝読しており、内容を把握しております。

会議中に共有が必要な情報や資料等ございましたら、代理の[担当者名]に共有いただけますと幸いです。

ご迷惑をおかけして大変申し訳ございませんが、何卒よろしくお願い申し上げます。

[署名]

[氏名]

[役職名]

[電話番号]

[メールアドレス]

※状況に応じて以下の情報を追記する

- 診察結果が分かった時点で改めてご連絡する旨
- 代理者への連絡先
- 今後の予定

※上記はあくまで雛形です。状況に合わせて適宜変更してください。

👍 👎 ⇄ < G ⋮

必要な条件を教えてくれれば、シチュエーションに合った文章を作成します

状況に合わせて文章を作成してくれるので便利ね

ONE POINT

📦 定型的な文書作成のプロンプトの記述例

　上司へのメールやお詫び状など、失礼のない文面作成には時間がかかってしまいます。しかし、Geminiを利用すると、必要な条件を伝えるだけで、例文を生成し、状況に合わせてアレンジすることができます。操作例では、上司への会議欠席メールを作成していますが、はがきやスピーチなど、さまざまな定型文書にも応用可能です。

▼ 贈り物を頂いたときのお礼状

プロンプト

次の条件でお礼状(はがき)を作成してください。 ← 伝達方法
(改行)
宛先：上司 ← 宛先
内容：一昨日頂いたお菓子のお礼 ← いつ頃のことか(そのときの時節の挨拶を入れるため)

◆ 上司への菓子のお礼状（はがき）

[日付]

[氏名]

[部署名]

[上司の名前] 様

拝啓

時下ますますご清栄のこととお慶び申し上げます。

先日は、大変美味しいお菓子をいただき、誠にありがとうございました。

お陰様で、家族みんなで楽しく味わわせていただきました。特に、[お菓子の名前]は格別のお味で、あっという間に無くなってしまいました。

お忙しい中にもかかわらず、心遣いをお送りいただき、心より感謝申し上げます。

今後とも、ご指導ご鞭撻のほどよろしくお願い申し上げます。

敬具

[氏名]

[部署名]

ポイント

- 最初に、「拝啓」と「時下ますますご清栄のこととお慶び申し上げます。」で挨拶します。
- 次に、「先日は、大変美味しいお菓子をいただき、誠にありがとうございました。」で、お菓子のお礼を伝えます。
- その後に、「お陰様で、家族みんなで楽しく味わわせていただきました。」など、具体的な感想を述べると、より気持ちが伝わります。
- 最後に、「お忙しい中にもかかわらず、心遣いをお送りいただき、心より感謝申し上げます。」で、再度感謝の気持ちを伝えます。
- 最後に、「今後とも、ご指導ご鞭撻のほどよろしくお願い申し上げます。」で、結びの言葉を述べます。
- 手紙の文末には、「敬具」と自分の署名を記入します。

その他

- 宛名は、上司の名前と役職を正しく記入します。
- 自分の名前と部署名は、楷書で丁寧に記入します。
- 手紙の文体は、かしこまった表現を使います。
- 誤字脱字がないように注意します。

例文はあくまでも一例ですので、状況に合わせて書き換えてください。

このお礼状が、上司への感謝の気持ちが伝わるものとなるよう、お祈りしております。

第3章 Geminiで文書作成・情報収集をしてみよう

プロンプト

次の条件でビジネス文書を作成してください。

#宛先：得意先 ← 条件項目がわかりやすいように#を付ける

#内容：
・9月に開催する展示会のお知らせ
・開催日時：9月15日　13：00〜16：00
・場所：〇〇ホテル　クリスタルルーム
・会費：無料
・参加希望の方は、8月15日までにメールでお知らせください。
#用紙サイズ：A4用紙

▼ Geminiの回答文

株式会社〇〇

〒100-0001 東京都千代田区〇〇町1-1-1

TEL: 03-0000-0000

FAX: 03-0000-0001

E-mail: [メールアドレスを削除しました]

2024年5月26日

株式会社△△御中

拝啓

時下ますますご清栄のこととお慶び申し上げます。

平素は格別のお引き立てを賜り、厚く御礼申し上げます。

さて、この度弊社では、9月に下記の通り展示会を開催することとなりましたので、ご案内申し上げます。

■ 展示会のご案内

1. 開催日時

2024年9月15日（日）13:00〜16:00

2. 会場

〇〇ホテル クリスタルルーム

3. 会費

無料

4. 内容

- 最新商品のご紹介
- デモンストレーション

- 各種ご相談

5. 参加方法

8月15日までに、下記メールアドレスまでお名前、会社名、ご担当者名、電話番号をご連絡ください。

E-mail: [メールアドレスを削除しました]

6. その他

- 当日は駐車場を完備しております。
- 軽食・飲み物をご用意しております。

7. ご注意

- 事前にご連絡いただいた方のみご入場いただけます。
- 当日の混雑状況によっては、ご入場をお待ちいただく場合がございます。

末筆ながら、皆様のご来場を心よりお待ちしております。

敬具

株式会社〇〇

営業部

〇〇 〇〇

以上

※ 上記はあくまでも一例です。

※ 必要に応じて、以下の情報を追加してください。

- 会社ロゴ
- 展示会の内容の詳細
- 過去の展示会の写真
- アクセス方法

※ デザインやレイアウトは、ご自由に変更してください。

※ 誤字脱字がないか、十分にご確認ください。

参考資料

- ビジネス文書の書き方と失敗しない10のポイント
- 社内文書・書式のテンプレート/フォーマット/文例の無料ダウンロード | bizocean （ビズオーシャン）

詳細な条件を指定すれば、簡単にビジネス文書を作成できるんじゃ

第3章 Geminiで文書作成・情報収集をしてみよう

14 英文メールの返信を考えてもらおう

ここでは、英文で送られてきた電子メールを翻訳し、返信を英文で作成してもらう方法を解説します。

受信した英文メールを日本語に翻訳する

英文で届いた電子メールの内容を日本語に翻訳し、内容を確認します。

① プロンプトの入力

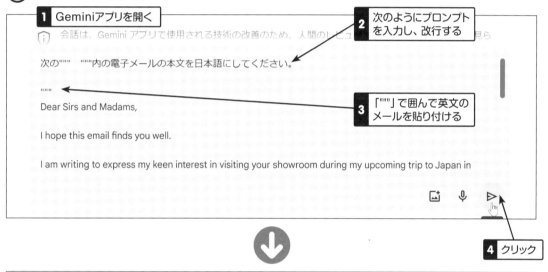

1 Geminiアプリを開く

会話は、Gemini アプリで使用される技術の改善のため、人間のレビュ[...]見ら

次の""" """内の電子メールの本文を日本語にしてください。

"""
Dear Sirs and Madams,

I hope this email finds you well.

I am writing to express my keen interest in visiting your showroom during my upcoming trip to Japan in

2 次のようにプロンプトを入力し、改行する

3 「"""」で囲んで英文のメールを貼り付ける

4 クリック

✦ 本文の日本語訳は以下の通りです。

各位

お世話になっております。

9月の日本旅行中に、貴社のショールームをぜひ見学したいと思い、メールにてご連絡いたしました。

先日、貴社のウェブサイトを拝見し、魅力的な商品が豊富に取り揃えられていることに大変感銘を受けました。特に、［製品名］には目が留まりました。実物を見てみたいと心から思っております。

可能であれば、日本滞在中にショールームを訪問させていただく機会をいただけませんでしょうか。日程は柔軟に対応できますので、貴社の都合に合わせていただければと思います。

ご検討いただき、お返事をお待ちしております。

敬具

回答が表示された

メールの返信を英文で作成する

翻訳された英文メールを確認し、返信したい内容を日本語で指定し英文メールを作成します。

① プロンプトの入力

 本文の日本語訳は以下の通りです。

各位

お世話になっております。

9月の日本旅行中に、貴社のショールームをぜひ見学したいと思い、メールにてご連絡いたしました。

先日、貴社のウェブサイトを拝見し、魅力的な商品が豊富に取り揃えられていることに大変感銘を受けました。特に、［製品名］には目が留まりました。実物を見てみたいと心から思っております。

可能であれば、日本滞在中にショールームを訪問させていただく機会をいただけませんでしょうか。日程は柔軟に対応できますので、貴社の都合に合わせていただければと思います。

ご検討いただき、お返事をお待ちしております。

> **1** 続けて次のようにプロンプトを入力する

このメールに対する返信を、以下の内容で英文で作成してください。

> **2** クリック

・弊社の商品を気に入ってもらって感謝しています。
・ぜひ弊社にお越しください。
・ショールームの営業時間は月曜日～金曜日の10:00から17:00までとなっています。
・いらっしゃる際はご連絡いただければ、最寄り駅までお迎えに行きます。
・お気を付けていらしてください。

Gemini は不正確な情報（人物に関する情報など）を表示することがあるため、生成された回答を再確認するようにしてください。 プライバシーと○○○○アプリ

HINT

プロンプトを改行するには、[shift] キーを押しながら [Enter] キーを押します。

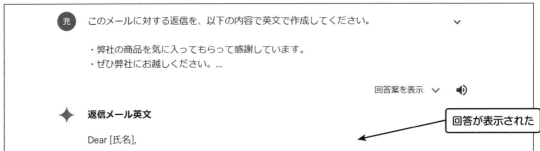

充 このメールに対する返信を、以下の内容で英文で作成してください。 ∨

・弊社の商品を気に入ってもらって感謝しています。
・ぜひ弊社にお越しください。 ...

回答案を表示 ∨ 🔊

 **返信メール英文**

> 回答が表示された

Dear [氏名],

Thank you for your interest in our products. We are delighted to hear that you are impressed with our wide selection and particularly interested in the [製品名].

We would be happy to welcome you to our showroom during your upcoming trip to Japan. Our showroom is open from 10:00 to 17:00, Monday to Friday.

Please let us know your preferred date and time for your visit, and we will do our best to accommodate your schedule. If you require assistance with transportation, we would be happy to arrange a pick-up from the nearest train station.

We look forward to seeing you soon.

Sincerely,

[Your Name]

ポイント

- 最初に、商品への関心への感謝の意を表します。
- ショールームへの訪問を歓迎する旨を伝えます。
- ショールームの営業時間と、最寄り駅からの送迎を申し出る。
- 丁寧な言葉遣いを心がけ、最後に署名と氏名を記載します。

その他

- 上記はあくまで一例です。必要に応じて、内容を自由に編集してください。
- 返信メールの署名には、会社名、役職、氏名などを記載することをおすすめします。
- 誤字脱字がないように注意してください。

ご参考になれば幸いです。

メール内容と英文作成の指示だけで、素早く作成できるので便利なんじゃ

英語が苦手な私でもこれなら素早く返信できそうだわ

ONE POINT

🟦 Geminiで外国語メールを翻訳・返信するメリット

翻訳ツールで英文メールを日本語に変換し、返信する場合は、まず日本語で全文を作成する必要がありました。しかし、Geminiを利用すると、メール内容と英文作成の指示だけで、素早く返信を作成できるので便利です。さらに、外国語メールの書き方のルールを調べる手間も省くことができるメリットがあります。

15 情報をまとめて多言語に翻訳してもらおう

ここでは、収集した情報を一括で3カ国語に翻訳してもらう方法を説明します。

3カ国語に翻訳する

① プロンプトの入力

1 Geminiアプリを開く

2 次のようにプロンプトを入力する

あなたはベテランのツアーガイドです。
東京スカイツリーについて200字程度の文章で説明してください。
それを次の言語に訳してください。

 ・英語
 ・中国語
・韓国語

Gemini は不正確な情報（人物に関する情報など）を表示することがあるため、生成された回答を再確認するようにしてください。プライバシーと（ ）アプリ

送信

3 クリック

💡 **HINT**

プロンプトを改行するには、[shift] キーを押しながら [Enter] キーを押します。

💡 **HINT**

ここでは、回答を的確にするために、Geminiに役割（ガイドブックのライター）を指定しています。 ☛P.62

回答が表示された

✦ **東京スカイツリー：地上360mからの絶景を楽しむ**

東京スカイツリーは、東京都墨田区押上にある世界一の高さを誇る電波塔です。高さ634メートル、2012年に開業し、東京の新たなシンボルとなりました。

展望台は350メートルと550メートルの2フロアに分かれており、350メートルからは東京の街並みを一望でき、550メートルからは富士山や筑波山などの眺望も楽しめます。また、天望レストランやカフェもあり、食事を楽しみながら景色を堪能することもできます。

東京スカイツリー周辺には、商業施設「東京ソラマチ」や水族館「すみだ水族館」などがあり、一日中楽しめるスポットとなっています。

ほとんどの国の言語を翻訳することができるんじゃ

英訳

Tokyo Skytree: Enjoy the Panoramic View from 360m above Ground

Tokyo Skytree is the world's tallest freestanding broadcasting tower, located in Sumida-ku, Tokyo. Standing at 634 meters tall, it was opened in 2012 and has become a new symbol of Tokyo.

The observation deck is divided into two floors, 350 meters and 550 meters high. From 350 meters, you can have a panoramic view of the Tokyo cityscape, and from 550 meters, you can even see Mount Fuji and Mount Tsukuba. There are also sky restaurants and cafes where you can enjoy a meal while taking in the view.

The Tokyo Skytree area is also home to the commercial complex "Tokyo Solamachi" and the aquarium "Sumida Aquarium," making it a place where you can enjoy yourself all day long.

中国語訳

东京晴空塔：从360米高空欣赏壮丽景色

东京晴空塔是位于日本东京墨田区的一座自立式广播塔，也是世界上最高的广播塔。其高度为634米，于2012年竣工，成为东京的新地标。

观景台分为350米和550米两层，350米可一览东京市区的全景，550米更可远眺富士山和筑波山等景色。此外，还有空中餐厅和咖啡馆，您可以一边用餐一边欣赏美景。

东京晴空塔周边还有商业设施"东京晴空町"和水族馆"墨田水族馆"等，是您可尽情玩乐的一天。

韓国語訳

도쿄 스카이트리 : 지상 360m에서 내려다보는 파노라마 전망

도쿄 스카이트리는 일본 도쿄도 스미다구에 위치한 세계에서 가장 높은 독립형 송신 타워입니다. 높이는 634m이며 2012년에 완공되어 도쿄의 새로운 상징이 되었습니다.

전망대는 350m와 550m의 두 층으로 나뉘어 있으며 350m에서는 도쿄 시내의 전경을 한눈에 볼 수 있고 550m에서는 후지산, 츠쿠바산 등의 전망도 감상할 수 있습니다. 또한 스카이 레스토랑과 카페도 있어 식사를 하면서 경치를 즐길 수 있습니다.

도쿄 스카이트리 주변에는 상업 시설 "도쿄 소라마치"와 수족관 "스미다 수족관" 등이 있어 하루 종일 즐길 수 있는 명소입니다.

👍 👎 ⤴ ⤳ G ⋮

HINT

文章量が多いときなどは、Geminiで最後まで回答を生成できないことがあります。そのような場合には、次ページの「ONE POINT」を参考にしてください。

Hello
Guten tag
Bonjour
你好
안녕하세요
नमस्ते

🔲 Geminiの生成が途中で終わる場合には

　Geminiでは、文章量が多い場合などに、回答の生成が途中で終わってしまうことがあります。そのようなときには、次の方法を試してください。

- 「回答案を再生成」と表示される場合には、クリックすると再度回答を生成することができます。
- 次のプロンプトに「続けて」「最後まで生成して」と指示すると、続きを生成することがあります。

　これらの方法でうまく生成されない場合には、質問の内容を分割し、個別に質問してみるとよいでしょう。

🔲 Geminiの翻訳機能の用途

　Geminiでは、多言語翻訳が可能です（令和6年6月現在26カ国語に対応）。Geminiの「情報収集」「要約」「文書作成」の特徴を合わせて利用することで、単なる翻訳ツールとしてだけではなく、次のように多言語の情報を効率的に扱うことができます。

◇ 複数の言語をまとめて翻訳できる

　操作例の要領で、収集した情報を複数言語に翻訳することができます。観光用のパンフレットや、SNSなどでさまざまな国籍のユーザーに情報を届けたい場合に利用できます。

◇ 内容を要約して翻訳できる

　限られた時間の中で、外国語の記事やレポートを調べる必要がある場合に、いちいち全文を翻訳して理解するのは大変です。そのようなときには、Geminiの要約機能を活用することで、短時間で主要なポイントを把握することができます。

◇ 用途に合わせた翻訳ができる

　翻訳する文章のターゲットが明確である場合には、用途によって内容を変えることができます。たとえば、ビジネスシーンで使う場合には、フォーマルな言葉で、親しい間柄であれば、カジュアルになど、プロンプトに指示を追加することで目的に合った翻訳文書にすることができます。

◇ YouTubeの内容を翻訳できる

　Geminiの拡張機能を使うと、YouTubeの動画の内容を要約することができるので、外国語の動画の内容を把握することができます。👉P.163

調べたいテーマに関する情報を収集してもらおう

ここでは、Geminiに指定したテーマに関する情報をWeb上から収集してもらう方法を説明します。

情報をWeb上から収集する

① プロンプトの入力

1 Geminiアプリを開く

2 次のようにプロンプトを入力する

ドーナツに関するCMや広告を除く最近3か月内の次の情報を、Webサイトからリンク付きで集めてください

・ドーナツのジャンル
・SNSで人気の投稿
・専門店の情報
・書籍や雑誌記事の紹介

3 クリック

Gemini は不正確な情報（人物に関する情報など）を表示することがあるため、生成された回答を再確認するようにしてください。 プライバシーと Gemini アプリ

 HINT

プロンプトを改行するには、[shift] キーを押しながら [Enter] キーを押します。

ドーナツ：2024年2月～4月の最新情報

回答が表示された

ドーナツのジャンル

- **変わり種ドーナツ** : https://www.instagram.com/explore/tags/donuts/top/
  - 定番のチョコレートやクリームだけでなく、最近では抹茶やチーズ、フルーツなど、様々な変わり種ドーナツが人気です。
  - 特に、SNS映えする見た目のものや、ユニークな組み合わせのものが注目されています。
- **ヴィーガンドーナツ** :
  https://www.instagram.com/captaincblack/reel/C5Aaei5S3X6/
  - 卵や乳製品を使用していないヴィーガンドーナツは、近年人気が高まっています。
  - 動物性素材を使わずに作られているため、ヘルシー志向の方や、動物愛護に関心のある方から支持されています。

第3章 Geminiで文書作成・情報収集をしてみよう

- ○ ヴィーガン専門店だけでなく、一般のドーナツ店でもヴィーガンドーナツを取り扱うところが増えています。
- **グルテンフリードーナツ**：
  https://www.instagram.com/explore/tags/%E3%82%B0%E3%83%AB%E3%83%86%
  - ○ 小麦粉を使用していないグルテンフリードーナツは、小麦アレルギーの方や、グルテンフリー生活を送っている方から注目されています。
  - ○ 米粉やアーモンド粉などをベースに作られており、もちもちとした食感や、小麦粉のドーナツとは違った風味を楽しむことができます。
  - ○ 最近では、グルテンフリー専門店だけでなく、一般のドーナツ店でもグルテンフリードーナツを取り扱うところが増えています。

SNSで人気の投稿

- **#ドーナツ**：
  https://www.instagram.com/explore/tags/%E3%83%89%E3%83%BC%E3%83%8A%
  - ○ ドーナツの写真や動画を投稿する人が多く、様々な種類のドーナツを楽しむ様子が伺えます。
  - ○ 特に、見た目が華やかで美味しそうなドーナツや、ユニークな食べ方が紹介された投稿が人気です。
- **#おうちドーナツ**：https://www.instagram.com/dulcespaupau/p/CTfcVAFFdIY/
  - ○ 自宅でドーナツを作る人が増えています。
  - ○ ドーナツミックスを使って簡単に作れるレシピや、オリジナルのトッピングのアイデアなどが紹介されています。
- **#ドーナツ部**：https://www.instagram.com/fortyd/
  - ○ ドーナツ好きが集まるコミュニティで、様々なドーナツに関する情報が共有されています。
  - ○ 新しいドーナツ店の情報や、おすすめのドーナツのレビューなどが投稿されています。

専門店の情報

- **RINGO**：https://www.genuinesmithfieldva.com/business/detail/28/ringos-donuts
  - ○ 東京都内に3店舗を構える、ヴィーガンドーナツ専門店です。
  - ○ カラフルで可愛らしい見た目と、素材の味を生かした優しい味わいが人気です。
- **Brooklyn Doughnuts**：https://tsubasa.ana.co.jp/travel/int/ny/ny_202310-03/
  - ○ ニューヨーク発祥の人気ドーナツ店で、日本全国に店舗があります。
  - ○ 定番のフレーバーから、季節限定のフレーバーまで、豊富な種類のドーナツを楽しめます。
- **ドーナツプラント**：https://s.tabelog.com/en/tokyo/A1304/A130401/13155673/
  - ○ ニューヨーク発祥のドーナツ店で、東京・渋谷に店舗があります。
  - ○ 揚げたてのドーナツを、様々なトッピングとともに味わうことができます。

知りたかった流行のドーナツ情報を調べることができたわ！今度買いに行こうっと

書籍や雑誌記事の紹介

- **「ドーナツの歴史」**：https://quesosdelvecchio.com/?u=compromise-of-1850-wikipedia-dd-NoOpbefZ
  - ○ ドーナツの起源から、世界中のドーナツ文化まで、ドーナツに関する様々な情報が紹介されています。

第3章 Geminiで文書作成・情報収集をしてみよう

- 「ドーナツの科学」：https://www.jstage.jst.go.jp/browse/nskkk/
  - ドーナツの生地や揚げ方、トッピングについて、科学的な視点から解説されています。
- 「ドーナツ特集」：
  https://prtimes.jp/main/html/rd/p/000000170.000084584.html
  - 最新のドーナツトレンドや、おすすめのドーナツ店などが紹介されています。

その他

上記以外にも、様々なドーナツに関する情報がウェブ上には公開されています。

ドーナツ好きな方は、ぜひ色々な情報を探して、ドーナツの世界をもっと深く楽しんでみてください。

👍 👎 ⚌ ⌘ G ⋮

集めたいテーマの情報を具体的に教えてくれれば回答します

ONE POINT

🎁 テーマに関する情報収集のためのプロンプト記述例

目的に関する情報を集めたい場合には、「テーマ」と「どのような情報が欲しいのか」を指定します。このとき、全体的に統一したい規則と情報の種類を箇条書きに分けて記述することで、意図が伝わりやすくなります。

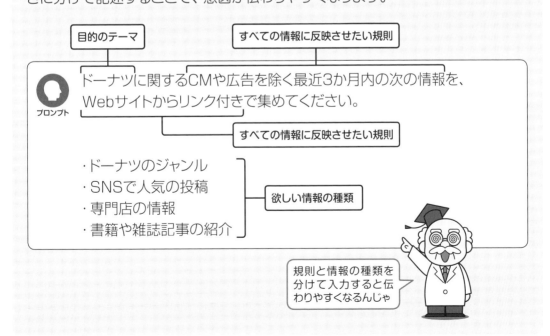

目的のテーマ　　　すべての情報に反映させたい規則

プロンプト：ドーナツに関するCMや広告を除く最近3か月内の次の情報を、Webサイトからリンク付きで集めてください。

すべての情報に反映させたい規則

・ドーナツのジャンル
・SNSで人気の投稿
・専門店の情報
・書籍や雑誌記事の紹介

欲しい情報の種類

規則と情報の種類を分けて入力すると伝わりやすくなるんじゃ

 # イベントの企画書を作成してもらおう

ここでは、季節のイベント開催の企画書を作成する方法を説明します。

イベントの企画に必要な項目を考える

イベントの企画をたてる場合には、主に次の項目を明確にしておきましょう。

項目	内容	例
いつ	いつ実施するのか	10月30日
どこで	開催場所	○○商店街
だれが	開催者	○○商店街振興組合
だれに	誰をターゲットにするのか	近隣の小学生以下の子どもたち
何を	どのような企画を提供するのか	ハロウィンスタンプラリー
どうして	何の目的で実施するのか	近隣住民との親睦を深める
どのように	どのような方法で実施するのか	仮装した子どもたちが商店街の店舗に行きスタンプを集める。すべて集まったら商店街で使えるクーポンになる
いくらで	どのくらいの予算で実施するのか	10万円

すべてでなくても構わないが、できるだけ明確にするのじゃ

イベント開催の企画書を作成する

① プロンプトの入力

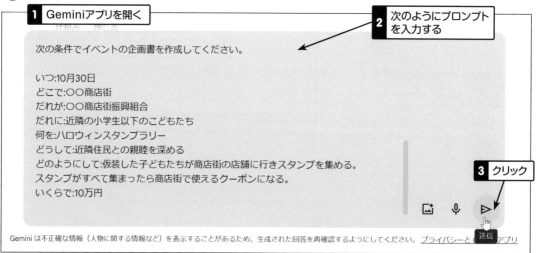

1 Geminiアプリを開く

2 次のようにプロンプトを入力する

次の条件でイベントの企画書を作成してください。

いつ:10月30日
どこで:○○商店街
だれが:○○商店街振興組合
だれに:近隣の小学生以下のこどもたち
何を:ハロウィンスタンプラリー
どうして:近隣住民との親睦を深める
どのようにして:仮装した子どもたちが商店街の店舗に行きスタンプを集める。
スタンプがすべて集まったら商店街で使えるクーポンになる。
いくらで:10万円

3 クリック

Gemini は不正確な情報（人物に関する情報など）を表示することがあるため、生成された回答を再確認するようにしてください。プライバシーと●●●アプリ

💡 **HINT**

プロンプトを改行するには、[shift] キーを押しながら [Enter] キーを押します。

第❸章 Geminiで文書作成・情報収集をしてみよう

充 次の条件でイベントの企画書を作成してください。 ∨

いつ:10月30日
どこで:○○商店街...

回答案を表示 ∨ 🔊

✦ **ハロウィンスタンプラリー企画書**

回答が表示された

1. イベント概要

イベント名: ハロウィンスタンプラリー

開催日時: 2024年10月30日（日） 10:00〜16:00

開催場所: ○○商店街

主催: ○○商店街振興組合

対象: 近隣の小学生以下のこどもたち

目的: 近隣住民との親睦を深め、商店街の活性化を図る

参加費: 無料

予算: 10万円

2. イベント内容

1. スタンプラリー

- 仮装した子どもたちが商店街の店舗を巡り、スタンプを集める。
- スタンプがすべて集まったら、商店街で使えるクーポンと交換できる。
- スタンプラリー台紙は、商店街の各店舗で配布する。
- スタンプラリー台紙には、商店街の地図と店舗情報が記載されている。

2. 仮装コンテスト

- ハロウィン当日、商店街特設ステージにて仮装コンテストを開催する。
- 参加者は、ステージ上で仮装を披露し、審査員による投票で優勝者を決める。
- 優勝者には、景品を進呈する。

3. その他

- ステージでは、ハロウィンにちなんだ音楽ライブやダンスパフォーマンスなどを披露する。
- 商店街各店舗では、ハロウィン限定商品や割引サービスを提供する。
- フォトスポットを設置し、参加者が記念撮影できるようにする。

3. 予算内訳

人件費: 5万円

- スタッフの人件費

とても楽しそうな
イベントですね!
私も参加したいなー

- 司会者の人件費
- 音響・照明スタッフの人件費

物品費: 3万円

- スタンプラリー台紙
- 景品
- 装飾品
- その他消耗品

宣伝費: 2万円

- ポスター・チラシ作成費
- ウェブサイト制作費
- 広告費

4. スケジュール

6月:

- 企画書作成
- 予算決定
- スタッフ募集

7月:

- ポスター・チラシ作成
- ウェブサイト制作
- 店舗への協賛依頼

8月:

- スタンプラリー台紙作成
- 景品選定
- 広告掲載

9月:

- イベント告知
- スタッフ研修
- 会場設営

10月:

- イベント開催
- イベント後片付け

5. その他

- 当日は、天候や状況に応じて、イベント内容を変更する場合がある。
- 参加者は、保護者の付き添いが必要となる。
- イベント中の事故や盗難等については、主催者は一切責任を負わない。

6. 期待される効果

- 近隣住民との親睦を深めることができる。

- 商店街の活性化を図ることができる。
- ○○商店街の認知度を高めることができる。

7. 補足

上記はあくまでも一例であり、実際の企画書は、主催者や参加者のニーズに合わせて変更する必要があります。

また、イベント開催にあたっては、関係各所との調整や許可が必要となる場合があります。

イベントを成功させるためには、事前にしっかりと準備することが重要です。

具体的な企画のイメージを指示すれば、イベントに合った企画書の下書きを作成してくれるんじゃ

ONE POINT

📦 5W2Hと追加情報で説得力のある企画書を生成

　企画の内容が明確であっても、それを体系的にまとめ、説得力のある企画書に仕上げるのは容易ではありません。そのような場合には、Geminiに条件を伝えて企画書の下書きを生成してもらいましょう。伝える条件に困った場合には、5W2Hのフレームワークに基づいて情報を整理すると簡単です。さらに、企画の背景情報、競合他社の状況、ターゲットとなる人のニーズ、期待される成果、過去の類似企画の成果などを追加することでより効果的な企画書を作成することができます。

◇ 5W2H（情報の過不足を防ぐために有効な構成）
- Who（だれが）
- When（いつ）
- Where（どこで）
- What（なにを）
- Why（なぜ）
- How（どのように）
- How Much（いくら）

学校で習った5W2Hが情報を整理するのに役立つのね

タスクリストとスケジュールを考えてもらおう

ここでは、Geminiに指定した条件でタスクリストとスケジュールを作成してもらう方法を説明します。

 タスクリストとスケジュールを作成する

① プロンプトの入力

```
1 Geminiアプリを開く                              2 次のようにプロンプト
                                                     を入力する
今日は7月5日です。9月1日に仙台支店から埼玉支店へ転勤になります。
                                                        3 クリック
・これから準備すべきタスクを洗い出してください。
・タスクをもとにスケジュールを作成してください。｜         🖼 🎤 ➤
                                                                   送信
Gemini は不正確な情報（人物に関する情報など）を表示することがあるため、生成された回答を再確認するようにしてください。プライバシーとGeminiアプリ
```

HINT

プロンプトを改行するには、[shift] キーを押しながら [Enter] キーを押します。

充 今日は7月5日です。9月1日に仙台支店から埼玉支店へ転勤になります。

・これから準備すべきタスクを洗い出してください。
・タスクをもとにスケジュールを作成してください。

回答案を表示 ⌄ 🔊

✦ **7月5日から9月1日までの仙台支店から埼玉支店への転勤準備スケジュール**

回答が表示された

7月5日〜7月31日

転居準備

- **住所変更手続き**
  ○ 埼玉支店の住所を確認する
  ○ 転居届・転入届を提出する
  ○ 各種住所変更手続きを行う（銀行、クレジットカード、携帯電話など）
- **荷造り・運搬**
  ○ 不要な荷物を処分する
  ○ 必要な荷物を整理し、ダンボールに詰める

予定に合わせて、スケジュールやチェックリストを作成してくれるので便利じゃ

- 引っ越し業者を選定し、見積もりを取る
- 大型家具・家電の搬送手配をする

- **新居探し**
  - 埼玉支店の周辺環境を調査する
  - 希望条件に合う物件を探し、内覧する
  - 賃貸契約を締結する

- **埼玉支店の情報収集**
  - 埼玉支店の組織体制や業務内容を理解する
  - 埼玉支店の周辺環境や生活情報を収集する
  - 埼玉支店への通勤手段を検討する

その他

- 転勤挨拶の準備
- 転勤に伴う各種手続き (健康保険証、国民年金手帳など)
- 転居後の生活用品の準備

8月1日〜8月31日

新居の準備

- 新居の掃除・整理整頓
- 家具・家電の設置
- インターネット・光回線の開通
- 水道・電気・ガスの開栓
- 防犯対策

その他

- 近隣住民への挨拶
- 地域の公共施設や商業施設の把握
- 転勤後の生活に必要な手続き (住民票取得など)

9月1日

- 埼玉支店へ出勤
- 新しい職場・同僚と挨拶
- 業務引継ぎ

スケジュール作成のポイント

- 上記のタスクはあくまで一例であり、個人の状況に合わせて調整する必要があります。
- 各タスクにかかる時間を見積もり、余裕を持ったスケジュールを作成しましょう。
- 転勤前に済ませておくべきタスクと、転勤後に済ませてもよいタスクを区別しましょう。
- 転勤に伴う各種手続きは、早めに済ませておくことをおすすめします。
- 転居後の生活準備は、余裕を持って行いましょう。

その他

転勤は、人生における大きなイベントの一つです。準備をしっかり行うことで、スムーズな転勤を

🔷 Geminiと協力して抜け落ちゼロのタスク管理を実現!

　少し先に何かイベントがある場合には、タスクリストを作成すると、進捗状況を把握し作業効率を上げることができます。Geminiでは、イベントまでの期間を指定するだけで、関連するタスクを洗い出します。回答された一連の流れを参考にすることで、自身だけでは気が付かなかった作業の抜け落ちなどを確認できるので便利です。なお、操作例では、箇条書きリストとして回答していますが、条件に「表組のチェックリストにまとめてください。」などを追加すると、Excelなどで編集・活用も可能なGoogleスプレッドシートで書き出すことも可能です。

👉 P.134

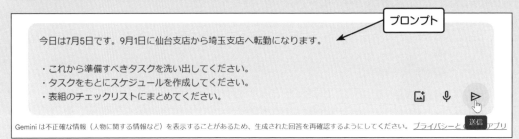

プロンプト

今日は7月5日です。9月1日に仙台支店から埼玉支店へ転勤になります。

・これから準備すべきタスクを洗い出してください。
・タスクをもとにスケジュールを作成してください。
・表組のチェックリストにまとめてください。

Gemini は不正確な情報（人物に関する情報など）を表示することがあるため、生成された回答を再確認するようにしてください。プライバシーと Gemini アプリ

▼ スケジュール

スケジュール

項目	期限	担当者	メモ
住居探し	60日前	本人	埼玉支店の近くで条件に合う物件を探す
不動産業者への相談	55日前	本人	希望条件を伝え、見積もりを取る
内覧	50日前	本人	実際に物件を見学し、条件を確認する
賃貸借契約	45日前	本人	契約内容を確認し、必要書類を準備する
転居届提出	30日前	本人	転居先の新住所で手続きを行う
引っ越し業者見積もり	20日前	本人	複数の業者から見積もりを取り、比較検討する
引っ越し業者予約	15日前	本人	希望の日程と時間帯で予約する
転入届提出	30日前	本人	転居先の市区町村で手続きを行う
住所変更手続き	30日前〜	本人	各種機関に転居先の住所を連絡する
転勤挨拶	60日前	本人	上司や同僚に転勤の挨拶をする

チェックリスト

タスクが完了したら、チェックを入れてください。

項目	完了
住居探し	
不動産業者への相談	
内覧	
賃貸借契約	
転居届提出	
引っ越し業者見積もり	
引っ越し業者予約	
転入届提出	
住所変更手続き	
転勤挨拶	

	A	B	C	D	E	F	G
1	タスク	完了					
2	住居探し						
3	不動産業者への相談						
4	内覧						
5	賃貸借契約書						
6	転居届提出						
7	引っ越し業者見積もり						
8	引っ越し業者予約						
9	転入届提出						
10	住所変更手続き						
11	転勤挨拶						
12							

Googleスプレッドシートに書き出すことで活用しやすくなるんじゃ

第3章 Geminiで文書作成・情報収集をしてみよう

19 1週間分の献立と買い物リストを 考えてもらおう

ここでは、Geminiに指定した条件で1週間分の献立と買い物リストを作成してもらう方法を説明します。

1週間分の献立を作る

料理の内容や予算を指定して、1週間分の献立を作成します。

① プロンプトの入力

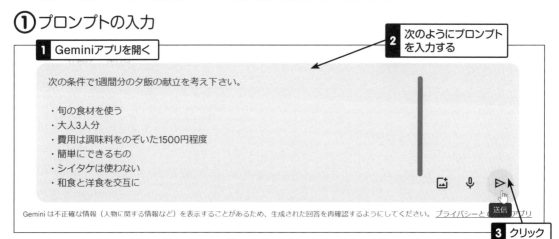

1 Geminiアプリを開く

次の条件で1週間分の夕飯の献立を考え下さい。

・旬の食材を使う
・大人3人分
・費用は調味料をのぞいた1500円程度
・簡単にできるもの
・シイタケは使わない
・和食と洋食を交互に

2 次のようにプロンプトを入力する

3 クリック

送信

Gemini は不正確な情報（人物に関する情報など）を表示することがあるため、生成された回答を再確認するようにしてください。 プライバシーと(○○) アプリ

HINT

プロンプトを改行するには、[shift] キーを押しながら [Enter] キーを押します。

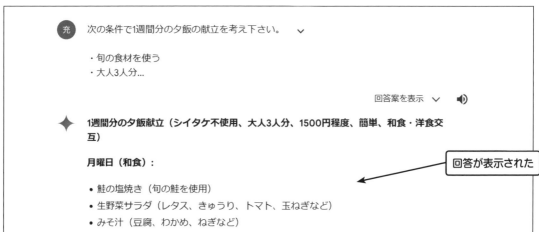

充　次の条件で1週間分の夕飯の献立を考え下さい。　∨

・旬の食材を使う
・大人3人分...

回答案を表示 ∨ 🔊

◆ 1週間分の夕飯献立（シイタケ不使用、大人3人分、1500円程度、簡単、和食・洋食交互）

月曜日（和食）：

● 鮭の塩焼き（旬の鮭を使用）

● 生野菜サラダ（レタス、きゅうり、トマト、玉ねぎなど）

● みそ汁（豆腐、わかめ、ねぎなど）

回答が表示された

火曜日（洋食）：

- 鶏肉のソテー（鶏もも肉、玉ねぎ、ピーマンなど）
- マカロニサラダ
- コンソメスープ

水曜日（和食）：

- 豚肉の生姜焼き（豚肉、玉ねぎ、生姜など）
- ひじきの煮物
- ご飯

木曜日（洋食）：

- ハンバーグ（合いびき肉、玉ねぎ、卵など）
- マッシュポテト
- グリーンサラダ

金曜日（和食）：

- 鰆の西京焼き（鰆、白味噌、みりんなど）
- ほうれん草のおひたし
- ご飯

土曜日（洋食）：

- オムライス（卵、ご飯、鶏肉、玉ねぎなど）
- ミネストローネ
- サラダ

日曜日（和食）：

- 天ぷら（エビ、イカ、ナス、ピーマンなど）
- 蕎麦
- 天つゆ

ポイント:

- 旬の食材を使うと、安く買えるだけでなく、栄養価も高くなります。
- 大人3人分なので、ボリュームのある料理を心がけましょう。
- 費用は調味料をのぞいた1500円程度に抑えるようにしましょう。
- 簡単なレシピを選べば、毎日の献立作りも楽になります。
- シイタケは使用しないので、他のきのこ類で代用しましょう。
- 和食と洋食を交互にすると、飽きずに献立を楽しむことができます。

その他:

- 上記はあくまで一例なので、ご自身の好みや冷蔵庫にある食材に合わせてアレンジしてください。
- 献立作りに困ったら、インターネットや料理本などを参考にしましょう。
- 自炊は健康にも節約にも良いので、ぜひチャレンジしてみてください。

夕飯の献立でいつも悩んでいるお母さんに教えてあげよう！

買い物リストを作成する

　続けて、生成された献立の買い物リストを作成します。家にある材料は不要であることを追加します。

① プロンプトの入力

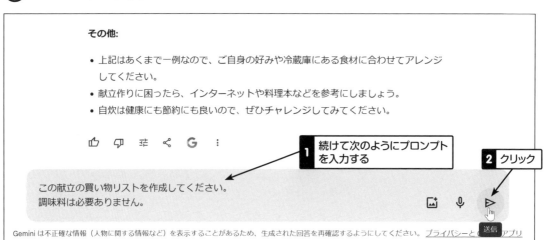

その他:

- 上記はあくまで一例なので、ご自身の好みや冷蔵庫にある食材に合わせてアレンジしてください。
- 献立作りに困ったら、インターネットや料理本などを参考にしましょう。
- 自炊は健康にも節約にも良いので、ぜひチャレンジしてみてください。

1 続けて次のようにプロンプトを入力する

2 クリック

この献立の買い物リストを作成してください。
調味料は必要ありません。

Gemini は不正確な情報（人物に関する情報など）を表示することがあるため、生成された回答を再確認するようにしてください。　プライバシーと　　アプリ

プロンプトを改行するには、[shift] キーを押しながら [Enter] キーを押します。

充 この献立の買い物リストを作成してください。
調味料は必要ありません。

回答案を表示 ∨ 🔊

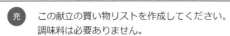

1週間分の夕飯献立 買い物リスト（シイタケ不使用、大人3人分、1500円程度、簡単、和食・洋食交互）

月曜日（和食）:

回答が表示された

- 鮭 3切れ
- レタス 1個
- きゅうり 2本
- トマト 2個
- 玉ねぎ 1個
- 豆腐 1丁
- わかめ 適量
- ねぎ 1本

火曜日（洋食）:

- 鶏もも肉 2枚
- 玉ねぎ 1個
- ピーマン 2個

詳しく指定することで目的に合った献立を作成してくれんじゃ

- マカロニ 100g
- コンソメ 2個

水曜日（和食）:

- 豚肉 300g
- 玉ねぎ 1個
- 生姜 1かけ
- ひじき 100g

木曜日（洋食）:

- 合いびき肉 500g
- 玉ねぎ 1個
- 卵 2個
- じゃがいも 3個

金曜日（和食）:

- 鰆 2切れ
- 白味噌 大さじ3
- みりん 大さじ3

土曜日（洋食）:

- 卵 3個
- ご飯 3杯分
- 鶏もも肉 1枚
- 玉ねぎ 1個

日曜日（和食）:

- エビ 10尾
- イカ 1杯
- ナス 2個
- ピーマン 2個
- 蕎麦 3人分

その他:

- サラダ油 適量
- 塩コショウ 適量
- 醤油 適量
- 酒 適量
- みそ 適量
- 砂糖 適量

ポイント:

- 上記はあくまで目安なので、ご自身の好みに合わせて調整してください。
- 旬の食材は、スーパーで安く買える場合があります。
- 鶏肉や豚肉は、特売日を狙って購入すると節約になります。
- 野菜は、新鮮なものを見極めて購入しましょう。
- 卵やご飯は、常備しておくと便利です。

注意事項:

📦 Geminiで献立を作成するメリット

Geminiで献立を作成するメリットは、大きく分けて次の4つが挙げられます。

◇ バランスのとれた献立を作成できる

自分でレシピを調べたり、栄養バランスを考えたりする必要がなく、献立を作成できます。

◇ 好き嫌いやアレルギー食材を考慮できる

好き嫌いやアレルギー食材などを情報に加えることで、最適な献立を作成できます。

◇ 現在ある食材を活用できる

冷蔵庫にある食材などを情報に加えることで、食材を無駄にすることなく献立を作成できます。

◇ 旬の食材を使った献立を作成できる

今の時期に合った旬の食材を使った献立を作成できます。

📦 カロリー計算を含めた献立もOK

ダイエットなどカロリーコントロールが必要な場合には、年齢、性別、現在の体重などを条件に指定することで、カロリー計算に基づいた献立を導き出すことが可能です。プロンプトの例は次のようになります。

プロンプト

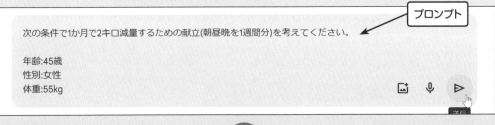

次の条件で1か月で2キロ減量するための献立(朝昼晩を1週間分)を考えてください。

年齢:45歳
性別:女性
体重:55kg

✦ **1か月で2キロ減量を目指す！45歳女性のための1週間献立**

基本ルール

- カロリーは1日1500kcal程度を目安にしましょう。
- 主食は糖質を抑えた玄米や雑穀米、パンなどを選び、量も控えめに。
- たんぱく質は肉、魚、卵、大豆製品などからしっかり摂取しましょう。
- 野菜は積極的に食べ、食物繊維をたっぷり補給しましょう。
- 間食は控えめに、どうしても食べたい場合はナッツやヨーグルトなどを選びましょう。

オリジナルの物語を
作成してもらおう

20

　ここでは、登場人物や話のポイントを指定して、オリジナルの物語を作成する方法を説明します。

📎 オリジナルの物語を作成する

① プロンプトの入力

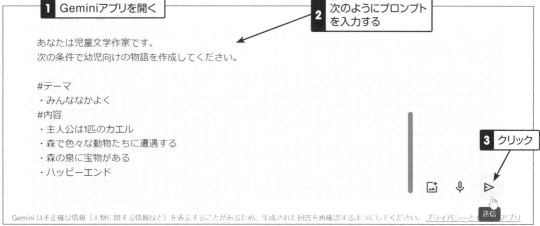

1 Geminiアプリを開く

あなたは児童文学作家です。
次の条件で幼児向けの物語を作成してください。

#テーマ
・みんななかよく
#内容
・主人公は1匹のカエル
・森で色々な動物たちに遭遇する
・森の泉に宝物がある
・ハッピーエンド

2 次のようにプロンプトを入力する

3 クリック

Gemini は不正確な情報（人物に関する情報など）を表示することがあるため、生成された回答を再確認するようにしてください。プライバシーと（ ）アプリ

　プロンプトを改行するには、[shift] キーを押しながら [Enter] キーを押します。

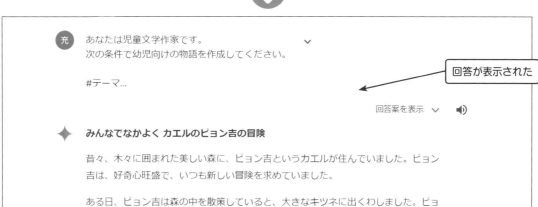

充　あなたは児童文学作家です。
　次の条件で幼児向けの物語を作成してください。

　#テーマ...

回答が表示された

回答案を表示 ⌄ 🔊

✦　**みんなでなかよく カエルのピョン吉の冒険**

昔々、木々に囲まれた美しい森に、ピョン吉というカエルが住んでいました。ピョン吉は、好奇心旺盛で、いつも新しい冒険を求めていました。

ある日、ピョン吉は森の中を散策していると、大きなキツネに出くわしました。ピョン吉は怖かったのですが、思い切ってキツネに話しかけました。

「こんにちは！僕はピョン吉です。どこに行っているんですか？」

キツネはピョン吉の優しさに驚き、笑顔で答えました。

「こんにちはピョン吉。僕は森の奥にある泉を探しているんだ。その泉には、願いを叶える宝物が隠されているらしいんだよ。」

ピョン吉は宝物に興味津々で、キツネと一緒に泉を探すことにしました。

二人は森を歩き続け、様々な動物たちと出会いました。

臆病なウサギ、おしゃべりなリス、力持ちのクマ。ピョン吉とキツネは、それぞれの動物と仲良くなり、一緒に泉を目指しました。

しかし、泉への道は険しく、何度も迷いそうになりました。そんな時、動物たちは協力して道を切り開き、励まし合いながら進んでいきました。

そしてついに、長い旅の末、動物たちは森の奥にある泉を見つけました。泉は澄んでいて、光り輝いていました。

動物たちは泉に近づき、願い事をしました。

ピョン吉は、森の動物たちがみんな仲良く暮らせるようにと願いました。

すると、奇跡が起こりました。泉から虹が出て、森全体を包み込みました。動物たちは驚きと喜びでいっぱいになりました。

虹が消えると、森には大きな変化が起こっていました。動物たちは、言葉が通じ、互いを理解できるようになっていました。

ピョン吉は、願いが叶ったことに喜びを感じました。そして、動物たちと力を合わせて、より素晴らしい森を作っていくことを誓いました。

それ以来、ピョン吉と動物たちは、森で仲良く暮らしました。ピョン吉は、この冒険を通して、仲間の大切さを学び、真の友情を手に入れたのです。

文章を書くのは苦手だけど物語のテーマを考えるのは好きな私にピッタリだわ！

ONE POINT

📦 オリジナルストーリー作成に必要な項目

　新たな文書を作り出すこともGeminiの得意分野です。簡単な物語を作る場合には、まず次のようなステップで項目を洗い出すとよいでしょう。

アイデアを練る	おおまかなストーリーを計画する
・どのようなジャンルか？ ・ターゲットは誰か？ ・ストーリーのテーマは何か？	・プロット（筋書） ・キャラクター（登場人物） ・設定（舞台となる場所や時代）

物語をもとにさらなるアイデアを考えてもらう

　Geminiを利用すると、出来上がった物語をもとに、絵本や紙芝居、またはお芝居の脚本作りなどに展開させることができます。たとえば、操作例で作成した物語を絵本にする場合に、指定するプロンプトの一例は次の通りです。

ピョン吉は、願いが叶ったことに喜びを感じました。そして、動物たちと力を合わせて、より素晴らしい森を作っていくことを誓いました。

それ以来、ピョン吉と動物たちは、森で仲良く暮らしました。ピョン吉は、この冒険を通して、仲間の大切さを学び、真の友情を手に入れたのです。

👍　👎　≑　🔗　G　⋮

続けて次のようにプロンプトを入力する

この物語で絵本を作成したいです。ページ割りと挿絵の内容を考えてください。　🖼　🎤　▷

送信

Gemini は不正確な情報（人物に関する情報など）を表示することがあるため、生成された回答を再確認するようにしてください。プライバシーと〔　〕アプリ

✦　**絵本「みんなでなかよく カエルのピョン吉の冒険」**

ページ構成

1ページ目

- タイトル：「みんななかよく カエルのピョン吉の冒険」
- 作者：あなたの名前
- 挿絵：木々に囲まれた美しい森と、好奇心旺盛な表情で飛び跳ねるピョン吉

2ページ目

- 文章：昔々、木々に囲まれた美しい森に、ピョン吉というカエルが住んでいました。ピョン吉は、好奇心旺盛で、いつも新しい冒険を求めていました。
- 挿絵：ピョン吉が森の中を飛び跳ねる様子

3ページ目

- 文章：ある日、ピョン吉は森の中を散策していると、大きなキツネに出くわしました。ピョン吉は怖かったのですが、思い切ってキツネに話しかけました。
- 挿絵：ピョン吉とキツネが出会う様子

4ページ目

- 文章：「こんにちは！僕はピョン吉です。どこに行っているんですか？」
- 挿絵：キツネが優しく微笑む様子

5ページ目

- 文章：「こんにちはピョン吉。僕は森の奥にある泉を探しているんだ。その泉には、願いを叶える宝物が隠されているらしいんだよ。」
- 挿絵：キツネが泉の地図を見せる様子

6ページ目

- 文章：ピョン吉は宝物に興味津々で、キツネと一緒に泉を探すことにしました。
- 挿絵：ピョン吉とキツネが手を繋いで歩き出す様子

7ページ目

- 文章：二人は森を歩き続け、様々な動物たちと出会いました。
- 挿絵：ピョン吉とキツネが、臆病なウサギ、おしゃべりなリス、力持ちのクマと出会う様子

8ページ目

- 文章：ピョン吉とキツネは、それぞれの動物と仲良くなり、一緒に泉を目指しました。
- 挿絵：動物たちが協力して道を切り開く様子

9ページ目

- 文章：しかし、泉への道は険しく、何度も迷いそうになりました。そんな時、動物たちは励まし合いながら進んでいきました。
- 挿絵：道に迷い、困っている動物たち

10ページ目

- 文章：そしてついに、長い旅の末、動物たちは森の奥にある泉を見つけました。泉は澄んでいて、光り輝いていました。
- 挿絵：動物たちが泉を見つける様子

- 挿絵：動物たちが互いに話している様子

15ページ目

- 文章：ピョン吉は、願いが叶ったことに喜びを感じました。そして、動物たちと力を合わせて、より素晴らしい森を作っていくことを誓いました。
- 挿絵：ピョン吉と動物たちが、手を繋いで笑っている様子

16ページ目

- 文章：それ以来、ピョン吉と動物たちは、森で仲良く暮らしました。ピョン吉は、この冒険を通して、仲間の大切さを学び、真の友情を手に入れたのです。
- 挿絵：木々に囲まれた美しい森の中で、ピョン吉と動物たちが幸せそうに暮らしている様子

挿絵のポイント

- 動物たちは、それぞれ個性を表現した愛らしいデザインにする。
- 森の風景は、明るく優しい色合いで描く。
- ストーリーの展開に合わせて、動物たちの表情や動きを丁寧に描く。
- 虹や泉などのファンタジー要素は、キラキラと光るような表現にする。

その他

- 絵本全体の雰囲気は、温かく優しいものにする。
- 幼児が読みやすく、理解しやすい文章にする。
- 動物たちの言葉は、吹き出しを使って表現する。

第4章

Geminiで画像・図表・
プログラミングを
活用してみよう

21 画像データを解析してもらおう

　Geminiでは、画像データに写っている内容について回答することができます。ここでは、画像を読み込んで利用する方法を説明します。

※現時点（令和6年6月）では、Geminiの画像認識機能で人物についての情報を調べることはできません。

画像の内容を説明してもらう

　ここでは、次の写真をアップロードして内容を聞いてみましょう。

▼ アップロードする写真

これは何の写真かな？
工事の途中だけど…

Geminiに画像をアップロードして質問すれば答えてくれるはずじゃ

①画像のアップロードの実行

ⓘ　会話は、Gemini アプリで使用される技術の改善のため、人間のレビュアーによって処理されます。見られたくない内容や使用されたくない情報は入力しないでください。

　仕組み　　閉じる

1 Geminiアプリを開く

ここにプロンプトを入力してください

2 クリック

Gemini は不正確な情報（人物に関する情報など）を表示することがあるため、生成された回答を再確認するようにしてください。　画像をアップロード　ini アプリ

② データについての確認

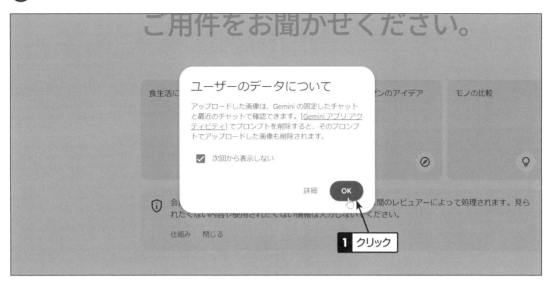

③ 画像ファイルの選択

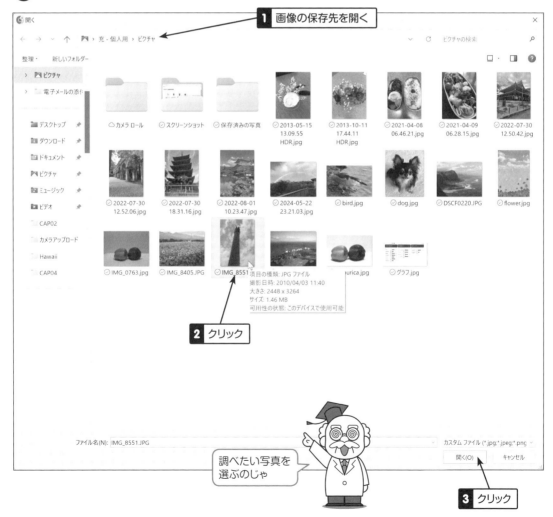

④ プロンプトの入力

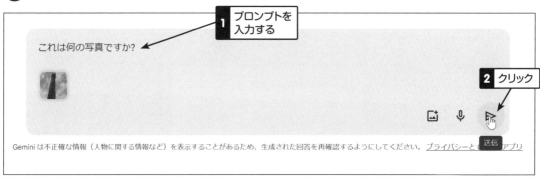

これは何の写真ですか?

充　これは何の写真ですか?

回答が表示された

回答案を表示 ∨ 🔊

送信された画像は、東京スカイツリー建設中のものです。画像は、東京スカイツリーの東側にある住吉橋から撮影されています。

東京スカイツリーは、東京都墨田区にある電波塔です。高さは634メートルで、日本の建造物としては最も高く、世界で2番目に高い自立構造物です。東京スカイツリーは、テレビ放送やラジオ放送の送信基地として使用されています。また、展望台もあり、東京の景色を楽しむことができます。

画像は2010年1月31日に撮影されたもので、東京スカイツリーは建設の初期段階にあります。画像中央の白い鉄骨が東京スカイツリーの本体部分です。画像右上のクレーンは、鉄骨を吊り上げるために使用されています。

画像には、東京スカイツリー周辺の景色も写っています。画像左下には隅田川が、画像右下には東京スカイツリーの建設現場の仮設事務所が見えます。

この画像は、東京スカイツリーの建設過程を記録した貴重な資料です。東京スカイツリーは、日本の技術力と文化を象徴する建造物であり、この画像は、その建設過程の壮大さを伝えています。

東京スカイツリー建設中の様子を詳しく知りたい場合は、以下の情報源を参照してください。

- https://ja.wikipedia.org/wiki/%E6%9D%B1%E4%BA%AC%E3%82%B9%E3%82%AB%
- https://www.j-cast.com/2023/11/30473991.html?p=all
- http://www.skytree-obayashi.com/about/

👍 👎 ✉ 🔗 G ⋮

すごーい!写真だけでこんなに詳しい情報を調べてくれるのね

写真に写っている鳥の名前を調べる

ここでは、写真に写っている鳥の名前を聞いてみましょう。

▼ アップロードする写真

散歩していたら、こんな鳥がいたけど、何の鳥かな?

① 画像のアップロードの実行

1 Geminiアプリを開く

ここにプロンプトを入力してください

2 画像を読み込む

Gemini は不正確な情報（人物に関する情報など）を表示することがあるため、生成された回答を再確認するようにしてください。 プライバシーと Gemini アプリ

HINT

画像を読み込む方法は、次の項目を参考にしてください。 ☞P.108

② プロンプトの入力

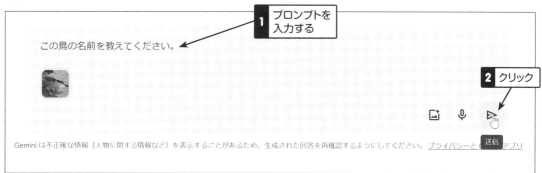

1 プロンプトを入力する

この鳥の名前を教えてください。

2 クリック

送信

Gemini は不正確な情報（人物に関する情報など）を表示することがあるため、生成された回答を再確認するようにしてください。 プライバシーと Gemini アプリ

充 この鳥の名前を教えてください。

回答が表示された

回答案を表示

送っていただいた画像の鳥は、**ゴイサギ**です。

ゴイサギは、日本全国の水辺に生息する中型のサギです。体長は約50～60cmで、翼開長は約90～100cmです。頭部と背中は黒色、腹部は白色です。くちばしと脚は黄色で、目の周りは赤色です。

ゴイサギは、夜行性で、日中は木の上に止まって休んでいます。夜になると、水辺に出てきて、魚やカエルなどの動物を捕食します。

ゴイサギは、日本各地で普通に見られる鳥ですが、近年は生息数が減少しているようです。これは、水辺の環境破壊や、農薬の使用などが原因と考えられています。

今回送っていただいた画像は、ゴイサギが水辺に立っている様子が写っています。ゴイサギは、水辺で獲物を探したり、羽繕いをしたりしています。

この鳥について、他に何か知りたいことはありますか？

画像データを解析して、写っているものを特定してくれるんじゃ

写真に写っている場所への行き方を調べる

写真の場所と行き方を聞いてみましょう。ここでは、拡張機能のGooleマップがONになっていることとします。拡張機能に関しては次の項目を参考にしてください。

☞P.144

▼ アップロードする写真

これはどこの写真かな?
歴史のある橋みたいだけど…
今度行ってみたいなー

① 画像データの読み込み

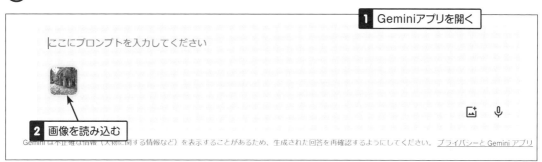

1 Geminiアプリを開く

ここにプロンプトを入力してください

2 画像を読み込む

Geminiは不正確な情報（人物に関する情報など）を表示することがあるため、生成された回答を再確認するようにしてください。 プライバシーと Gemini アプリ

HINT
画像を読み込む方法は、次の項目を参考にしてください。 ☛P.108

② 場所を聞くためのプロンプトの入力

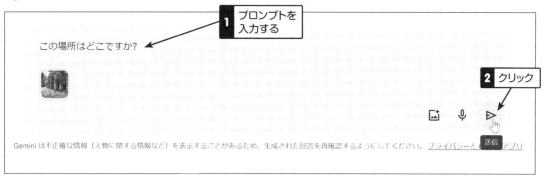

1 プロンプトを
入力する

この場所はどこですか？

2 クリック

送信

Gemini は不正確な情報（人物に関する情報など）を表示することがあるため、生成された回答を再確認するようにしてください。 プライバシーと Gemini アプリ

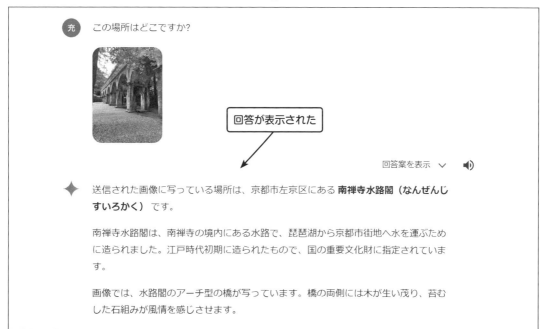

充 この場所はどこですか？

回答が表示された

回答案を表示 ∨ 🔊

✦ 送信された画像に写っている場所は、京都市左京区にある **南禅寺水路閣（なんぜんじ
すいろかく）** です。

南禅寺水路閣は、南禅寺の境内にある水路で、琵琶湖から京都市街地へ水を運ぶため
に造られました。江戸時代初期に造られたもので、国の重要文化財に指定されていま
す。

画像では、水路閣のアーチ型の橋が写っています。橋の両側には木が生い茂り、苔む
した石組みが風情を感じさせます。

③行き方を聞くためのプロンプトの入力

南禅寺水路閣は、京都の人気観光スポットの一つです。特に、紅葉の季節には多くの観光客が訪れます。

なお、南禅寺水路閣は、**京都旅〜南禅寺**(https://cn.tripadvisor.com/Attraction_Review-g298564-d7707056-Reviews-Nanzenji_Suirokaku-Kyoto_Kyoto_Prefecture_Kinki.html)、**南 禅 寺 水 路 閣 料金**(https://www.okamoto-kimono-en.com/)、✍...**過去pic #南禅寺 #京都 #京都旅行 #kyoto #instagood #instadaily**(https://www.instagram.com/explore/tags/%E5%8D%97%E7%A6%85%E5%AF%BA/top/) などのWebページでも紹介されています。

これらのWebページによると、南禅寺水路閣は、以下のような特徴があります。

- 長さ約330メートル
- 幅約3メートル
- 高さ約8メートル
- レンガと石で造られている
- 1620年頃に造られた
- 1997年に国の重要文化財に指定された

南禅寺水路閣は、京都の歴史と文化を感じられる場所です。京都観光の際には、ぜひ訪れてみてください。

👍 👎 ≆ < G ⋮

1 続けてプロンプトを入力する

2 クリック

京都駅から公共交通機関を使ってこの場所まで行くルートを教えてください。　　🖼️ 🎤 ➤

[送信]

Gemini は不正確な情報（人物に関する情報など）を表示することがあるため、生成された回答を再確認するようにしてください。プライバシーと○○アプリ

充　京都駅から公共交通機関を使ってこの場所まで行くルートを教えてください。

回答案を再生成 ↻ 🔊

✦　Googleマップ ⌄

回答が表示された

京都駅から南禅寺水路閣まで、公共交通機関で26分で行くことができます。

Googleマップ でルートを確認できます。

注意事項

- このルートは、現在の交通状況に基づいています。実際の所要時間は、交通状況や天候によって異なる場合があります。
- 乗り換えが必要な場合があります。乗り換え時間は、乗り換え先のバスや電車のダイヤによって異なります。
- 運賃は、乗車する路線や距離によって異なります。

その他

- 京都市営地下鉄烏丸線で「烏丸御池駅」まで行き、京都バス202系統に乗車して「南禅寺金閣寺前」で下車すると、南禅寺水路閣まで徒歩約10分です。
- 京阪電車で「神宮丸太町駅」まで行き、徒歩約20分で南禅寺水路閣まで行くこともできます。

ご参考になりましたでしょうか？

● Googleマップ

京都駅から京都市左京区南禅寺水路閣までの移動ルート

Google マップで開く

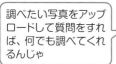
調べたい写真をアップロードして質問をすれば、何でも調べてくれるんじゃ

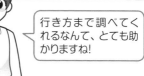
行き方まで調べてくれるなんて、とても助かりますね!

第④章 Geminiで画像・図表・プログラミングを活用してみよう

ONE POINT

📦 Geminiの画像認識の用途

　Geminiでは、写真に写っているものを把握し説明することができます。画像の中の特定のオブジェクトも認識できるので、名前や場所、関連記事なども調べることが可能です。また、アップロードした画像と類似した画像をネット上から検索できるので、気に入った品の写真をアップロードして、同じようなテイストやデザインの商品を販売しているサイトを探す用途でも利用することができます。

📦 グラフや図解も認識可能

　Geminiでは、画像内の文字や数値も認識することができるので、グラフや図解などの画像をアップロードして、内容を説明してもらうことも可能です。また、内容によっては解析や考察、注意点なども生成されます。

▼ アップロードする画像

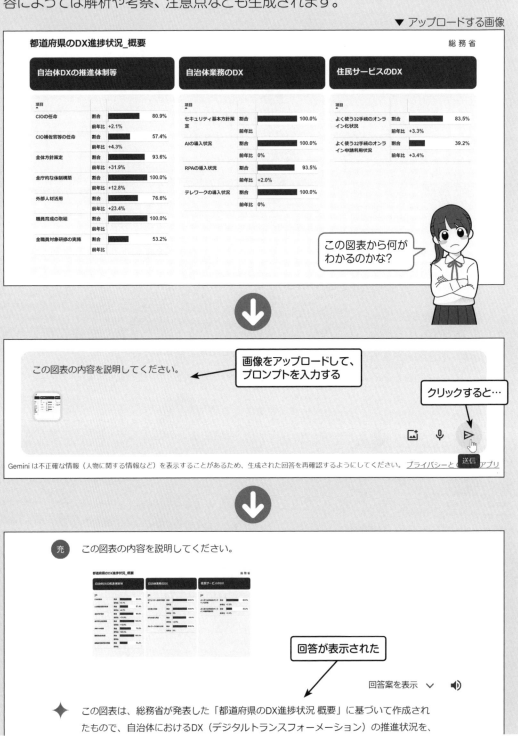

この図表から何がわかるのかな？

画像をアップロードして、プロンプトを入力する

クリックすると…

この図表の内容を説明してください。

Gemini は不正確な情報（人物に関する情報など）を表示することがあるため、生成された回答を再確認するようにしてください。プライバシーと Gemini アプリ

充　この図表の内容を説明してください。

回答が表示された

回答案を表示 ⌄ 🔊

◆　この図表は、総務省が発表した「都道府県のDX進捗状況 概要」に基づいて作成されたもので、自治体におけるDX（デジタルトランスフォーメーション）の推進状況を、

自治体DXの推進体制等、自治体業務のDX、住民サービスのDXの3つの側面から示しています。

自治体DXの推進体制等

- **CIOの任命**
  - 割合：80.9%
  - 前年比：+2.1%
- **CIO補佐官等の任命**
  - 割合：57.4%
  - 前年比：+4.3%
- **全体方針策定**
  - 割合：93.6%
  - 前年比：+31.9%
- **全庁的な体制構築**
  - 割合：100.0%
  - 前年比：+12.8%
- **外部人材活用**
  - 割合：76.6%
  - 前年比：+23.4%
- **職員育成の取組**
  - 割合：100.0%
  - 全員対象研修の実施：53.2%

- **テレワークの導入状況**
  - 割合：100.0%

住民サービスのDX

- **よく使う32手続のオンライン化状況**
  - 割合：83.5%
  - 前年比：+3.3%

主なポイント

- 自治体におけるDXの推進は、着実に進展しているが、依然として課題も残っている。
- 特に、住民サービスのDXの進捗が遅れている。
- 全員対象研修の実施率が低いことも課題である。

今後の展望

- 今後は、住民サービスのDXの推進に向け、さらなる取り組みが必要となる。
- 全員対象研修の実施率向上も重要な課題である。

その他

- この図表は、2024年5月時点のデータに基づいて作成されている。
- 詳細については、総務省のホームページ[無効な URL を削除しました]。

以上です。

グラフや図解など画像内の文字情報も読み取って分析することができるんじゃ

22 SNSで写真を紹介する投稿文やハッシュタグを考えてもらおう

ここでは、写真をもとにSNSに掲載する情報を回答してもらう方法を説明します。

▼ アップロードする写真

このあいだ撮った写真をインスタにアップしようと思うけど、投稿文どうしようかな？

それなら、代わりに掲載する文章を考えてあげるよ！

Gemini

SNSに掲載する情報を作成する

① 画像データの読み込みとプロンプトの入力

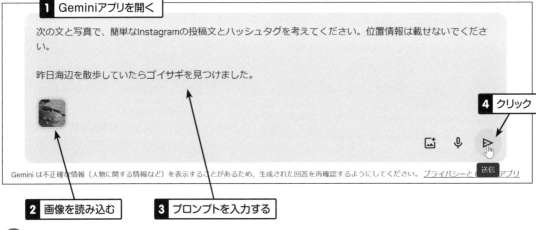

1 Geminiアプリを開く

次の文と写真で、簡単なInstagramの投稿文とハッシュタグを考えてください。位置情報は載せないでください。

昨日海辺を散歩していたらゴイサギを見つけました。

4 クリック

Gemini は不正確な情報（人物に関する情報など）を表示することがあるため、生成された回答を再確認するようにしてください。プライバシーとGeminiアプリ

送信

2 画像を読み込む　**3 プロンプトを入力する**

💡 HINT

画像を読み込む方法は、次の項目を参考にしてください。　☞P.108

次の文と写真で、簡単なInstagramの投稿文とハッシュタグを考えてください。位置情報は載せないでください。

昨日海辺を散歩していたらゴイサギを見つけました。

回答が表示された

回答案を表示 ∨

✦ **Instagram 投稿文**

昨日海辺を散歩していたら、ゴイサギを見つけました。

ゴイサギは、日本全国で見られる大型の鳥です。水辺の近くで魚やカエルなどの獲物を捕食しています。

#ゴイサギ #海辺 #散歩 #自然

ハッシュタグ

- **#ゴイサギ:** ゴイサギの写真や動画に使うハッシュタグです。
- **#海辺:** 海辺の写真や動画に使うハッシュタグです。
- **#散歩:** 散歩の写真や動画に使うハッシュタグです。
- **#自然:** 自然の写真や動画に使うハッシュタグです。

投稿文とハッシュタグの例

その他

- 投稿文には、ゴイサギを見つけた場所や、その時の様子などを書き添えると、より興味深いものになります。
- 写真は、ゴイサギをアップで撮影したり、周囲の景色と一緒に撮影したりすると、より良い仕上がりになります。

説明やアドバイスなど

注意事項

- 投稿する前に、必ず著作権などを確認してください。
- 他人の迷惑になるような投稿は控えてください。

その他のアイデア

- ゴイサギの生態について説明する。
- ゴイサギの鳴き声を録音してみる。
- ゴイサギの絵を描いてみる。

画像からわかる情報

- 写真には、ゴイサギが岩の上に立っている様子が写っています。
- ゴイサギは、黒く光沢のある羽と長い首を持っています。
- ゴイサギは、周囲の景色を警戒している様子です。

わぁーすごい！写真にあった投稿文とハッシュタグを用意してくれたわ

第④章 Geminiで画像・図表・プログラミングを活用してみよう

119

写真を活かした投稿例

昨日海辺を散歩していたら、ゴイサギを見つけました。岩の上で獲物を狙っているようでした。

#ゴイサギ #海辺 #散歩 #自然 #鳥 #野生動物

結論

上記のように、写真と文を組み合わせて、魅力的なInstagram投稿を作成することができます。写真の情報を活かし、自分の視点や感想を盛り込むことで、よりオリジナリティのある投稿になります。

ONE POINT

🔲 写真と内容から最適なSNS情報を生成

　Geminiでは、SNSの投稿文を考えることが可能です。アップロードした写真と内容を伝えることで、SNSそれぞれの特徴を踏まえた文章やハッシュタグを作成することができます。また、注意事項やその他のアイデアやアドバイスもあるので、それらをもとにさらにブラッシュアップするとよいでしょう。

　操作例では、Instagramについてプロンプトを作成していますが、別のSNSを指定すると、次のように対応した回答を得ることができます。ここでは、操作例で記述したプロンプトのSNS名を編集する方法で回答を再生成してみましょう。

◇ ブログ記事で再生成する

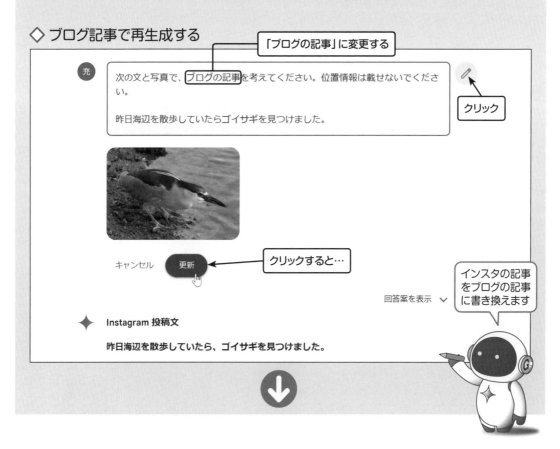

次の文と写真で、ブログの記事を考えてください。位置情報は載せないでください。

昨日海辺を散歩していたらゴイサギを見つけました。

回答がブログ記事に
再生成された

回答案を表示 ∨ 🔊

◆ **海辺で見つけたゴイサギ**

昨日、海辺を散歩していたら、ゴイサギを見つけました。

ゴイサギは、日本では比較的よく見られるサギの一種です。体長は約50cm、羽色は黒、灰色、白です。くちばしは長く、先端が黄色くなっています。

写真では、ゴイサギが岩の上で羽を休めている様子が写っています。 赤い目が印象的で、鋭い視線で辺りを警戒しているようです。

ゴイサギは、夜行性のため、日中は木陰などに潜んでいて、夜になると活動を始めます。魚やカエル、昆虫などを捕食します。

ゴイサギは、水辺の風景に欠かせない存在です。 海辺を散歩する機会があれば、ぜひゴイサギを探してみてください。

このブログ記事が、ゴイサギに興味を持つきっかけになれば幸いです。

関連記事

- ゴイサギ - Wikipedia
- ゴイサギ - 日本野鳥の会 [無効な URL を削除しました]

補足

- ゴイサギは、世界中の温帯から熱帯にかけて分布しています。
- 日本では、本州、四国、九州、沖縄に生息しています。
- ゴイサギは、環境の変化に適応力が高く、都市部でも見られるようになっています。

質問

- ゴイサギを見たことがありますか？
- どんな場所でゴイサギを見ましたか？
- ゴイサギについて何か知りたいことはありますか？

参考文献

- ゴイサギ - Wikipedia

SNSの特徴に合わせて記事の内容を変えてくれるんじゃ

◇ Twitterのツイートとハッシュタグで再生成する

※現時点（令和6年6月）でTwiiterのツイートはXのポストになっていますが、Twitterと記述したほうが的確な回答を得られます。

「Twitterのツイートとハッシュタグ」に変更する

 次の文と写真で、Twitterのツイートとハッシュタグを考えてください。位置情報は載せないでください。

昨日海辺を散歩していたらゴイサギを見つけました。

クリック

キャンセル　更新　　← クリックすると…

回答案を表示 ∨ 🔊

 海辺で見つけたゴイサギ

昨日、海辺を散歩していたら、ゴイサギを見つけました。

ゴイサギは、日本では比較的よく見られるサギの一種です。体長は約50cm、羽色は黒、灰色、白です。くちばしは長く、先端が黄色くなっています。

写真では、ゴイサギが岩の上で羽を休めている様子が写っています。 赤い目が印象的

 次の文と写真で、Twitterのツイートとハッシュタグを考えてください。位置情報は載せないでください。

昨日海辺を散歩していたらゴイサギを見つけました。

回答がTwitterのツイートとハッシュタグに再生成された

Twitterの記事に書き換えます

回答案を表示 ∨ 🔊

Twitterのツイート

昨日は海辺を散歩していたら、ゴイサギを見つけました！

水面にじっと立ち、獲物を狙っている姿がとてもカッコよかったです。

#ゴイサギ #海辺 #自然 #野鳥

unsplash.com

Blackcrowned night heron standing on a rock by the water

ハッシュタグ

- #ゴイサギ
- #海辺
- #自然
- #野鳥

その他

- ツイートに、ゴイサギを見つけた場所や時間帯を追加しても良いでしょう。
- ゴイサギについて、もっと詳しく説明しても良いでしょう。
- 写真の枚数を増やしても良いでしょう。

ポイント

- ツイートは簡潔にまとめましょう。
- ハッシュタグを使って、多くの人にツイートを見てもらえるようにしましょう。
- 写真を添えると、ツイートがより魅力的になります。

このツイートは、ゴイサギを見たときの感動を、多くの人に伝えられるように作成しました。

補足

- ゴイサギは、日本では全国的に見られるサギの一種です。
- 水辺の草むらや木の上などに生息しています。
- 魚やカエルなどを捕食します。
- 夜行性で、夜に活動します。

このツイートが、あなたのTwitterライフのお役に立てば幸いです。

👍 👎 ⚖ ＜ G ⋮

SNSごとに文章を用意するのがめんどくさかったけど、これなら入力する手間が省けて楽チンですね!

投稿文をアレンジしたい場合は、これをもとにして、ブラッシュアップするとよいのじゃ

第4章 Geminiで画像・図表・プログラミングを活用してみよう

23 パンフレット作成のアイデアを考えてもらおう

ここでは、パンフレット作成のためのデザインの構成を考えてもらう方法を説明します。

パンフレットの構成を作成する

① プロンプトの入力

1 Geminiアプリを開く

合唱コンサートのパンフレットを作成したいです。次の条件でパンフレットのイラスト作成のイメージを考えてください。

・テーマは春
・音符を入れたい
・爽やかで明るい感じで
・人物は入れない

3 クリック

Gemini は不正確な情報 …… とがあるため、生成された回答を再確認するようにしてください。 プライバシーと Geminiアプリ

2 次のようにプロンプトを入力する

充 合唱コンサートのパンフレットを作成したいです。次の条件でパンフレットのイラスト作成のイメージを考えてください。

・テーマは春...

回答が表示された

回答案を表示 ∨ 🔊

✦ 合唱コンサートパンフレットイラストイメージ

テーマ：春

• 桜の花びらが舞い散る中で、音符が軽やかに踊っているイメージ
• 青空と白い雲、そして緑豊かな木々の間から太陽の光が降り注ぐイメージ
• 小鳥たちがさえずり、蝶々が飛び交う明るい雰囲気
• 春風に揺れるチューリップや水仙などの花々を背景に、音符が奏でられるイメージ

音符

• さまざまな大きさや形の音符が、空中に浮かんでいるイメージ
• 音符がくるくる回ったり、上下に跳ねたり、まるでダンスをしているようなイメージ
• 音符が光を放ち、キラキラと輝いているイメージ
• 音符が五線譜から飛び出して、自由自在に動き回るイメージ

パンフレットのイラストを任されて困っていたけど、イメージがわいてきたわ！

爽やかで明るい感じ

- 青や緑などの爽やかな色を基調としたイラスト
- 白や黄色などの明るい色をアクセントに使う
- 透明感のある水彩画タッチで描く
- 線画と色面を組み合わせたシンプルなイラスト

人物

- 人物は描かない。音符や春を象徴するモチーフだけで構成する。

その他

- コンサートのタイトルや開催日時、場所などをわかりやすくレイアウトする。
- コンサートの内容や出演者を紹介する文章を掲載する。
- 全体的に洗練されたデザインで、合唱コンサートの華やかさを表現する。

参考イメージ

- https://www.pixiv.net/en/artworks/89576342
- https://www.ac-illust.com/main/search_result.php?
  word=%E5%9C%B0%E5%BD%A2&search_word=%E6%98%A5+%E9%9F%B3%E7%9
- https://frame-illust.com/?cat=128

注意点

- イラストは著作権に注意する。
- 商用利用の場合は、素材サイトの利用規約を確認する。

その他

上記はあくまで一例です。合唱コンサートの雰囲気やテーマに合わせて、自由にイメージを膨らませてください。

ご参考になれば幸いです。

👍 👎 ↻ ⤴ G ⋮

テーマを詳しく指定すれば、イメージに合った表現方法を提案してくれるのじゃ

ONE POINT

📦 アイデアを膨らませるヒントをもらう

　ポスターやパンフレットなどのアイデア出しに困った場合には、Geminiを利用してみましょう。漠然としたイメージや断片的な情報でも、条件を入力するだけで、最適なビジュアルイメージや表現方法を提案してくれます。これらの生成されたアイデアから、新たな視点を得ることができるので、創造性を高められるメリットがあります。

24 デザイン案を指定して画像を生成してもらおう

ここでは、124ページで回答されたデザイン案をもとに、イラストを生成する方法を説明します。

※現時点（令和6年6月）では、Geminiの画像生成機能は英語対応のみで、人物の生成はできません。

📎 デザイン案をまとめる

テーマ：春

桜の花びらが舞い散る中で、音符が軽やかに踊っているイメージ
青空と白い雲、そして緑豊かな木々の間から太陽の光が降り注ぐイメージ
小鳥たちがさえずり、蝶々が飛び交う明るい雰囲気
春風に揺れるチューリップや水仙などの花々を背景に、音符が奏でられるイメージ

> Geminiが回答したデザイン案

音符

さまざまな大きさや形の音符が、空中に浮かんでいるイメージ
音符がくるくる回ったり、上下に跳ねたり、まるでダンスをしているようなイメージ
音符が光を放ち、キラキラと輝いているイメージ
音符が五線譜から飛び出して、自由自在に動き回るイメージ

爽やかで明るい感じ

青や緑などの爽やかな色を基調としたイラスト
白や黄色などの明るい色をアクセントに使う
透明感のある水彩画タッチで描く
線画と色面を組み合わせたシンプルなイラスト
↓

> デザイン案はまとまったけど、イラストがうまく描けなくて困ったわ

透明感のある水彩タッチで、春風に揺れるチューリップや水仙などの花々を背景に音符が奏でられるイメージ

> 回答をもとにまとめたデザイン案

プロンプトを英文にする

① プロンプトの入力

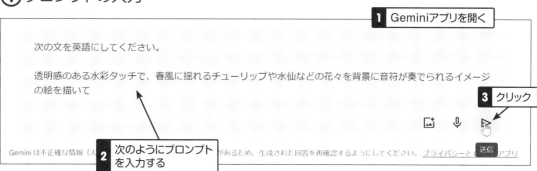

次の文を英語にしてください。

透明感のある水彩タッチで、春風に揺れるチューリップや水仙などの花々を背景に音符が奏でられるイメージの絵を描いて

1 Geminiアプリを開く

2 次のようにプロンプトを入力する

3 クリック

Gemini は不正確な情報（人...　　　　　　...があるため、生成された回答を再確認するようにしてください。プライバシーと...アプリ

HINT
....
Geminiに「絵を描いて」もらう英文プロンプトを作成するので、まとめたアイデア案に「絵を描いて」を追加します。

現在、Geminiの画像生成機能は、英語対応のみなんじゃ

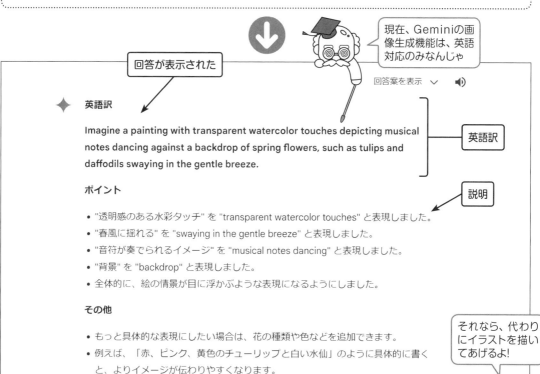

回答が表示された

回答案を表示 ∨ ◀))

✦ **英語訳**

Imagine a painting with transparent watercolor touches depicting musical notes dancing against a backdrop of spring flowers, such as tulips and daffodils swaying in the gentle breeze.

英語訳

ポイント

説明

- "透明感のある水彩タッチ" を "transparent watercolor touches" と表現しました。
- "春風に揺れる" を "swaying in the gentle breeze" と表現しました。
- "音符が奏でられるイメージ" を "musical notes dancing" と表現しました。
- "背景" を "backdrop" と表現しました。
- 全体的に、絵の情景が目に浮かぶような表現になるようにしました。

その他

- もっと具体的な表現にしたい場合は、花の種類や色などを追加できます。
- 例えば、「赤、ピンク、黄色のチューリップと白い水仙」のように具体的に書くと、よりイメージが伝わりやすくなります。
- また、「花びらが風にそよぎ、香ばしい香りが漂ってくるような」といった感覚的な表現を加えると、より情景が鮮明になります。

ご希望に合わせて、英語訳を調整できますので、お気軽にご要望ください。

それなら、代わりにイラストを描いてあげるよ!

HINT
....
この操作の後、英語訳の文章をコピーします。

イラストを生成する

ここでは、[＋チャットを新規作成] を実行し新しいチャットで操作することとします。
☞P.43

① プロンプトの入力

1 Geminiアプリを開く

Imagine a painting with transparent watercolor touches depicting musical notes dancing against a backdrop of spring flowers, such as tulips and daffodils swaying in the gentle breeze.

2 英文をコピーして貼り付ける

3 クリック

Gemini は不正確な情報（人物についてなど）を表示することがあるため、生成された回答を再確認するようにしてください。 プライバシーと Gemini アプリ

充 Imagine a painting with transparent watercolor touches depicting musical notes dancing against a backdrop of spring flowers, such as tulips and daffodils swaying in the gentle breeze.

✦ Sure, here is a painting with transparent watercolor touches depicting musical notes dancing against a backdrop of spring flowers, such as tulips and daffodils swaying in the gentle breeze:

イラストが生成された

こんな感じの絵でどうでしょうか?

イメージに合ったイラストを4点も提案してくれたわ

HINT

[さらに生成] をクリックすると、続けて画像が追加生成されます。

ONE POINT

🔷 Geminiの画像生成について

Geminiでは、プロンプトに「絵を描いて」という言葉とイラストのイメージを伝えることで、数秒で画像を生成できます。また、会話（英語）を続けて修正や変更をその都度反映させることも可能なので、効率的に作業を進めることができます。生成した画像は、クリックすると別ウィンドウに大きいサイズで表示され、⬇ [フルサイズでダウンロード] をクリックすると、JPG形式のファイルでダウンロードできます。

クリックするとダウンロードできる

イラストをクリックすると…

大きなサイズで表示される

これに決めた!

左上の矢印でもとの画面に戻れるんじゃ

別の画像を表示する

25 写真をもとにイラストを生成してもらおう

ここでは、ペットの写真をもとにイラストを生成してもらう方法を説明します。
※現時点 (令和6年6月) では、Geminiの画像生成機能は英語対応のみで、人物の生成はできません。

写真をもとにイラストを作成する

▼ アップロードする写真

 かわいいワンちゃんの写真ですね!

 写真をもとに希望のタッチでイラストを作成してもらうようにするんじゃ

① 画像のアップロードとプロンプトの入力

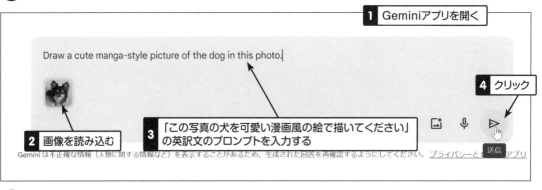

1 Geminiアプリを開く

Draw a cute manga-style picture of the dog in this photo.

4 クリック

2 画像を読み込む

3 「この写真の犬を可愛い漫画風の絵で描いてください」の英訳文のプロンプトを入力する

Gemini は不正確な情報（人物に関する情報など）を表示することがあるため、生成された回答を再確認するようにしてください。 プライバシーと Gemini アプリ

送信

💡 **HINT**

画像を読み込む方法は、次の項目を参考にしてください。 ☞P.108

💡 **HINT**

プロンプトの英語訳の文章をコピーして、貼り付けます。 ☞P.127

Sure, here is a cute manga-style picture of the dog in the photo:

漫画風のイラストに
仕上げてみました

写真から、さまざ
まなタッチのイラスト
を提案してくれる
んですね

🖼 さらに生成

ONE POINT

🔶 画像からイラストを生成する用途

　Geminiでは、アップロードした画像を参照して、イラストを生成することがで
きます。この方法は、ラフな手書きのメモ画像からイラストを作成したり、自分で
作成したイラストのタッチをアレンジする用途などで利用できます。

◇ 手書きのメモからイラストを生成する

▼ アップロードする画像

私が描いた手書きの
ラフ画でも上手にアレ
ンジしてくれるの?

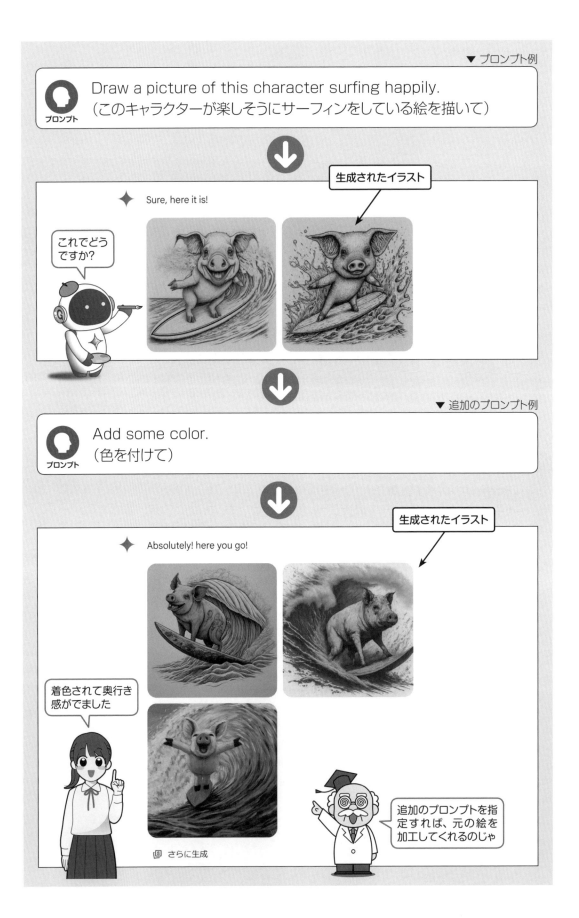

◇ 作成済みのイラストをアレンジする

▼ アップロードする画像

このあいだ私が描いた絵をアレンジしてもらうとどうなるかな

▼ プロンプト例

プロンプト Draw a picture that looks like this illustration with pink, yellow, red, and blue flowers added.
（このイラストにピンクや黄色、赤、青の花を追加したような絵を描いて）

Sure, here is an illustration with pink, yellow, red, and blue flowers added:

生成されたイラスト

わーすごい！カラフルな花が同じタッチで追加されたわ

さらに生成

収集データを表組にしてExcel ファイルに書き出してみよう

ここでは、Geminiで収集したデータを表組で表示し、Excelファイルに書き出す方法を説明します。

収集したデータをExcelファイルに書き出す

① プロンプトの入力

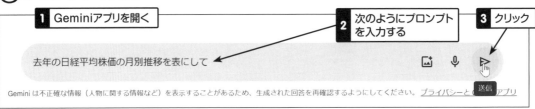

1 Geminiアプリを開く

2 次のようにプロンプトを入力する

3 クリック

去年の日経平均株価の月別推移を表にして

Gemini は不正確な情報（人物に関する情報など）を表示することがあるため、生成された回答を再確認するようにしてください。プライバシーと〇〇〇アプリ

送信

回答が表示された

2023年 日経平均株価 月別推移

月	始値	高値	安値	終値	前月比	前年比
1月	26,522.54	27,485.46	25,756.19	27,201.03	+2,278.49	+778.50
2月	27,201.03	28,515.95	26,873.51	28,410.78	+1,209.75	+1,888.25
3月	28,410.78	29,373.51	27,963.14	29,012.97	+602.19	+2,490.44

② Googleスプレッドシートにエクスポートの実行

月	始値	高値	安値	終値	前月比	前年比
10月	31,857.62	32,494.66	30,526.88	30,858.85	-1,000.77	+3,336.32
11月	31,601.65	33,625.53	31,601.65	33,486.89	+2,628.04	+6,885.24
12月	33,486.89	33,681.24	32,307.86	33,464.17	-22.72	+6,861.67

⊞ Google スプレッドシートにエクスポート

1 クリック

この操作でGoogleスプレッドシートがGoogleドライブに保存されました。

③ ダウンロードの実行

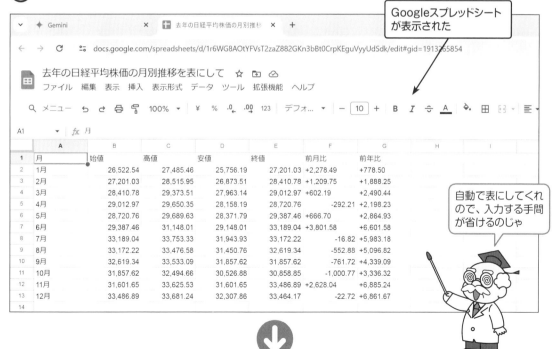

135

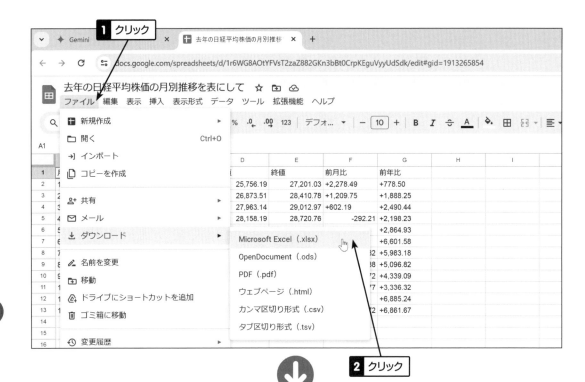

> データをダウンロードできるので、加工するときに便利ですね!

> Excelファイルがダウンロードされた

HINT

この操作で、Excelファイルが「ダウンロード」フォルダに保存されました。

ONE POINT

🔶 表組データの活用法

　Geminiで収集したデータを活用したい場合には、表計算ソフトを利用するとよいでしょう。Geminiで作成した表組は「Googleスプレッドシートにエクスポート」機能でGoogleスプレッドシートに書き出すことができます。さらに、高度な分析機能や豊富なグラフでデータ加工を行いたい場合には、操作例のようにGoogleスプレッドシートからExcelファイルとしてダウンロードして使うことができます。

27 Excelの関数を作成してみよう

ここでは、GeminiでExcelの関数を使った数式を作成する方法を説明します。

Excelの関数を使った数式を作成する

▼ 関数を作成するExcelのデータ

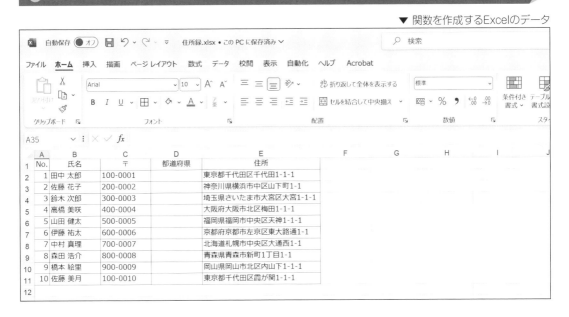

①Excelデータのコピー

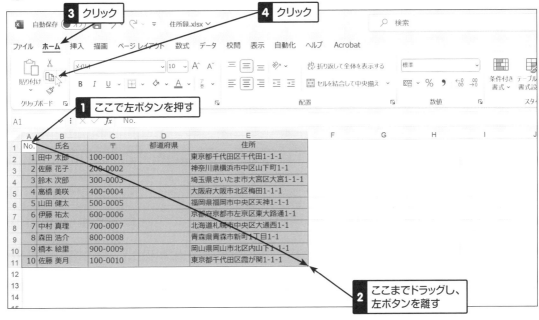

② プロンプトの入力

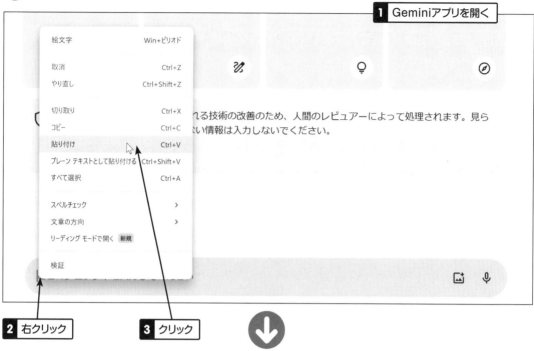

1 Geminiアプリを開く

絵文字　　　　　　　　Win+ピリオド

取消　　　　　　　　　Ctrl+Z
やり直し　　　　　　　Ctrl+Shift+Z

切り取り　　　　　　　Ctrl+X
コピー　　　　　　　　Ctrl+C
貼り付け　　　　　　　Ctrl+V
プレーン テキストとして貼り付ける　Ctrl+Shift+V
すべて選択　　　　　　Ctrl+A

スペルチェック　　　　　　　＞
文章の方向　　　　　　　　　＞
リーディング モードで開く　新規

検証

れる技術の改善のため、人間のレビュアーによって処理されます。見ら
い情報は入力しないでください。

2 右クリック　　　　3 クリック

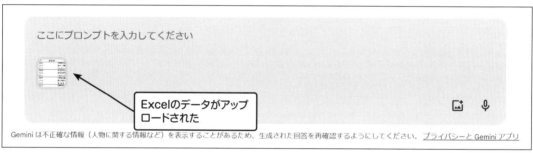

ここにプロンプトを入力してください

Excelのデータがアップ
ロードされた

Gemini は不正確な情報（人物に関する情報など）を表示することがあるため、生成された回答を再確認するようにしてください。プライバシーと Gemini アプリ

HINT

ペーストを実行するとコピーしたデータ範囲が画像としてアップロードされます。

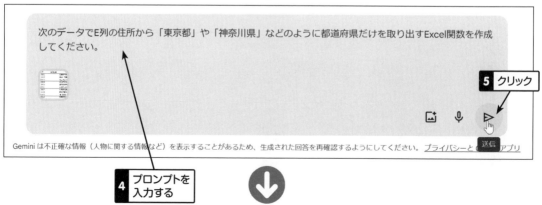

次のデータでE列の住所から「東京都」や「神奈川県」などのように都道府県だけを取り出すExcel関数を作成
してください。

5 クリック

送信

Gemini は不正確な情報（人物に関する情報など）を表示することがあるため、生成された回答を再確認するようにしてください。プライバシーと　アプリ

4 プロンプトを
入力する

次のデータでE列の住所から「東京都」や「神奈川県」などのように都道府県だけを
取り出すExcel関数を作成してください。

No.	氏名	〒	都道府県	住所
1	田中 太郎	100-0001		東京都千代田区千代田1-1-1
2	佐藤 花子	200-0002		神奈川県横浜市中区山下町1-1
3	鈴木 次郎	300-0003		埼玉県さいたま市大宮区大宮1-1-1
4	高橋 美咲	400-0004		大阪府大阪市北区梅田1-1-1
5	山田 健太	500-0005		福岡県福岡市中央区天神1-1-1
6	伊藤 祐太	600-0006		京都府京都市左京区東大路通1-1
7	中村 真理	700-0007		北海道札幌市中央区大通西1-1
8	森田 浩介	800-0008		青森県青森市新町1丁目1-1
9	橋本 絵里	900-0009		岡山県岡山市北区内山下1-1-1
10	佐藤 美月	100-0010		東京都千代田区霞が関1-1-1

回答案を表示 ∨ 🔊

◆ **画像のデータから都道府県を取り出すためのExcel関数**

画像のデータからE列の住所から「東京都」や「神奈川県」などのように都道府県だ
けを取り出すExcel関数は以下のようになります。

Excel

```
=IF(MID(E2, 4, 1) = "県", LEFT(E2, 4), LEFT(E2, 3))
```

コードは注意してご使用ください。

この関数の解説

- IF関数 ：条件式によって処理を分岐させる関数です。
- MID関数 ：文字列の一部を抽出する関数です。
- LEFT関数 ：文字列の左側から指定した文字数だけを抽出する関数です。

この関数の動作

1. MID(E2, 4, 1) ：E2セルの文字列の4文字目から1文字を抽出します。
2. MID(E2, 4, 1) = "県" ：抽出した文字列が"県"かどうかを判断します。
3. IF(MID(E2, 4, 1) = "県", LEFT(E2, 4), LEFT(E2, 3)) ：
   - 条件式 MID(E2, 4, 1) = "県" が真の場合：LEFT(E2, 4) でE2セルの文字列
     の左から4文字を抽出します。
   - 条件式 MID(E2, 4, 1) = "県" が偽の場合：LEFT(E2, 3) でE2セルの文字列
     の左から3文字を抽出します。

この関数の注意点

- この関数は、住所の最初に都道府県名が記載されていることを前提としています。
- 住所の形式が異なる場合は、関数式を修正する必要があります。

この関数の応用例

- 住所から市区町村だけを取り出す
- 住所から番地だけを取り出す

その他の方法

上記以外にも、以下のような方法で都道府県を取り出すことができます。

- **正規表現関数**：正規表現を使用して、住所から都道府県を抽出する関数です。
- **VLOOKUP関数**：参照表を使用して、住所から都道府県を抽出する関数です。

回答が表示された

6 クリックして、生成した
関数をコピーする

まとめ

画像のデータからE列の住所から「東京都」や「神奈川県」などのように都道府県だけを取り出すには、上記のようなExcel関数を使用することができます。

参考情報

- Excelで住所から都道府県名だけ別のセルに取り出す方法
- 文字列関数で住所から「都道府県」を抜き出す3つの方法 | 定時で上がろう! Excel関数の底力(38)
- 省略した住所から「都道府県」を抽出する方法 | 定時で上がろう! Excel関数の底力(41)

👍 👎 ≢ ⬦ G ⋮

ここにプロンプトを入力してください 🖼 🎤

Gemini は不正確な情報（人物に関する情報など）を表示することがあるため、生成された回答を再確認するようにしてください。 プライバシーと Gemini アプリ

HINT

📋 [コードをコピー] をクリックすると生成された関数をコピーすることができます。Excel上で動作確認を行ってから利用してください。

③ 生成された数式の貼り付け

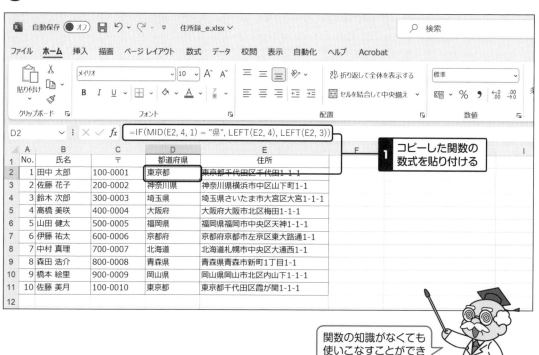

関数の知識がなくても使いこなすことができるようになるんじゃ

GeminiでExcel関数を扱うには

　Geminiでは、Excelの関数を含んだ数式を作成できます。Excelでコピーした範囲は画像としてプロンプト枠内に貼り付けることができるので、Geminiにセル内容を理解させるデータとなります。さらにプロンプトには数式に利用するセル番地を指定します。なお、複数の種類の数式が生成された場合には、内容を確認して目的にあった数式を選択する必要があります。

▼ 操作例のプロンプト

> 次のデータでE列の住所から「東京都」や「神奈川県」などのように都道府県だけを取り出すExcel関数を作成してください。

E列の住所と利用する列がわかるように記述する

Geminiとプログラム言語について

　Geminiは、Python、Java、C++、JavaScript、Go、PHP、Rubyなど、プログラミングのコードを読み書きすることができます。利用する場合には、次のようにプログラミング言語と生成したい内容を記述します。また、コードの解読や修正もできるので、プログラミング学習の補助ツールとして、あるいはちょっとしたコード作成にも利用できます。

◇ Geminiでのコード生成の一例

▼ プロンプト

> Pythonで1から10までの数字を順番に表示するプログラムを作ってください。

▼ 実行結果

充　Pythonで1から10までの数字を順番に表示するプログラムを作って

回答案を表示 ∨ 🔊

✦ **Pythonで1から10までの数字を順番に表示するプログラム**

以下、2つの方法で1から10までの数字を順番に表示するPythonプログラムです。

1. `range()` 関数と `for` ループを使う方法

　Python

```
for i in range(1, 11):
  print(i)
```

コードは注意してご使用ください。

このプログラムは、 `range()` 関数を使って1から10までの整数を生成し、 `for` ループで順に処理します。

- `range(1, 11)` は、1から10までの整数を順番に生成するイテレータです。
- `for i in range(1, 11)` は、 `range(1, 11)` で生成された各整数を `i` に代入し、ループ内で処理することを意味します。
- `print(i)` は、変数 `i` の値をコンソールに出力します。

2. `while` ループを使う方法

```Python
i = 1
while i <= 10:
  print(i)
  i += 1
```

> プログラミング学習の補助ツールとしても使えるんじゃ

コードは注意してご使用ください。

このプログラムは、 `while` ループを使って1から10までの数字を順番に処理します。

- `i = 1` は、変数 `i` を1に初期化します。
- `while i <= 10` は、 `i` が10以下の間、ループを繰り返すことを意味します。
- `print(i)` は、変数 `i` の値をコンソールに出力します。
- `i += 1` は、変数 `i` の値に1を加算します。

上記2つのプログラムはどちらも同じ結果を出力します。

どちらの方法を使うかは、お好みや状況によって決めてください。

- 初心者の方や可読性を重視する場合は、 `for` ループを使う方法がおすすめです。
- 処理速度を重視する場合は、 `while` ループを使う方法がおすすめです。

補足

上記プログラムは、1から10までの数字を順番に表示するだけですが、以下のように応用することができます。

- 特定の範囲の数字を表示する
- 数字に区切り文字を挿入する
- 数字を逆順に表示する

具体的な例については、以下を参照してください。

- 特定の範囲の数字を表示する: `range()` 関数の引数を変更することで、任意の範囲の数字を表示できます。
- 数字に区切り文字を挿入する: `print()` 関数に区切り文字を指定することで、数字間に区切り文字を挿入できます。

第 **5** 章

Google機能を利用して
Geminiをさらに
使いこなしてみよう

Geminiの拡張機能について

Geminiは、拡張機能という他のGoogleアプリやサービスと連携する機能があります。これによって、ユーザーからの質問に対してより実用的な回答を提供することができます。Geminiアプリの拡張機能は次のように確認することができます。

※現時点（令和6年6月）、Geminiの拡張機能は、仕事用または学校用のアカウントでは使用することはできません。

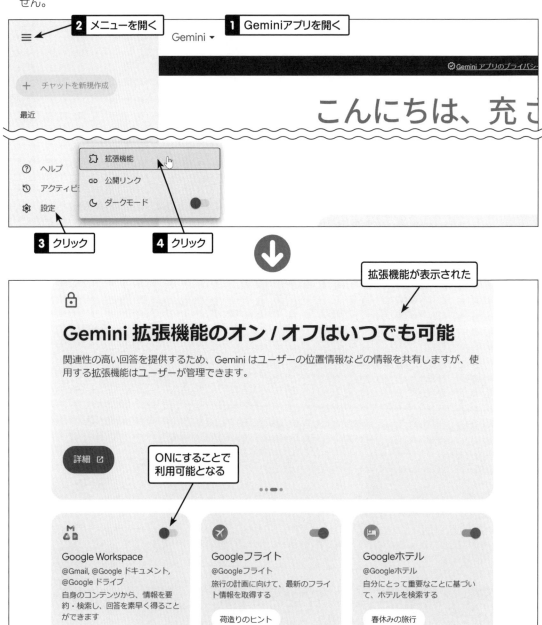

Geminiの拡張機能

Geminiの拡張機能には、次のような種類が用意されています（令和6年6月現在）。

Google Workspace
（初期設定でOFF）
Gmail、Google ドライブ、Google ドキュメントなどのGoogle Workspaceアプリと連携し、これらのアプリの機能をGeminiを通して実行することが可能になる

Googleフライト
（初期設定でON）
最新のフライト情報を調べることができる

Googleホテル
（初期設定でON）
旅行計画に合ったホテルを調べることができる

Google Workspace
@Gmail, @Google ドキュメント,
@Google ドライブ
自身のコンテンツから、情報を要約・検索し、回答を素早く得ることができます

情報を探す

ドキュメントの要約

情報の整理

Googleフライト
@Googleフライト
旅行の計画に向けて、最新のフライト情報を取得する

荷造りのヒント

価格の比較

旅行の計画

Googleホテル
@Googleホテル
自分にとって重要なことに基づいて、ホテルを検索する

春休みの旅行

観光スポット

とっておきの休暇

Googleマップ
@Googleマップ
位置情報を活用して、計画を実現

旅行先のルート

周辺のお出かけスポット

移動時間の暇つぶし

YouTube
@YouTube
YouTube 動画を見つけたり、動画についての回答を得たりする

課題を解決する

ひらめきを得る

トピックを調べる

YouTubeミュージック
@YouTube ミュージック
お気に入りの曲、アーティスト、プレイリストなどを再生、検索、発見できます

曲を検索

好きな音楽を見つけよう

気分に合わせてラジオを再生

Googleマップ
（初期設定でON）
目的の場所を探したりルートを調べることができる

YouTube
（初期設定でON）
目的の内容にあった動画を探したり、内容を要約することができる

YouTubeミュージック
（初期設定でOFF）
音楽の検索や再生を行うことができる

GeminiはGoogleアプリやサービスと連携することができるんじゃ

拡張機能の利用方法

　Geminiでは、「@」を入力すると、拡張機能を指定してプロンプトを記述することができます。

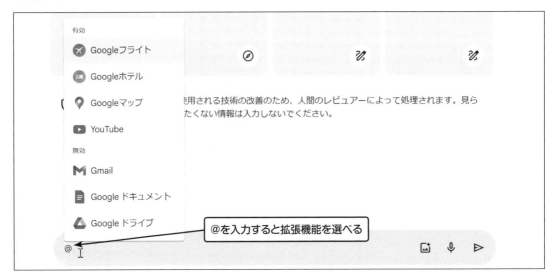

　すでにONに設定されている拡張機能は、Geminiがプロンプトの質問の内容や流れに合わせて自動的に拡張機能が選択されて使われます。

第5章　Google機能を利用してGeminiをさらに使いこなしてみよう

Gemini アプリ アクティビティがOFFになっていると使えない

　拡張機能は、Gemini アプリのアクティビティ設定がONの場合のみ利用可能です。Geminiとやり取りした内容をGoogleが保存するデータである「アクティビティ」設定がOFFになっている場合は、拡張機能は使用できません。 ☞P.48

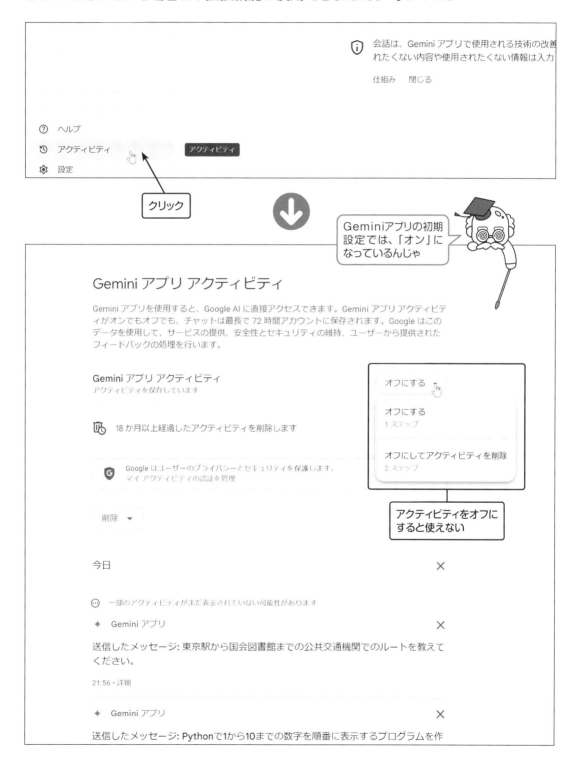

拡張機能Google Workspace を設定してみよう

ここでは、拡張機能Google Workspaceを利用できるように設定する方法を説明します。

拡張機能Google Workspaceの設定

拡張機能Google Workspaceは、Gmailの設定を変更することで、Geminiで利用することができるようになります。その後、拡張機能の設定をONに変更します。

①Gmailの設定の変更

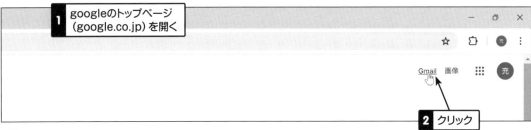

> **HINT**
> Geminiと同じアカウントでログインしている状態からGmailを開きます。

②すべての設定画面の表示

設定

全般　ラベル　受信トレイ　アカウントとインポート　フィルタとブロック中のアドレス　メール転送と POP/IMAP　アドオン　チャットと Meet　詳細　オフライン

言語:	Gmail の表示言語: 日本語　　　　　　　　　　　　　　∨　他の Google サービスの言語設定を変更
	☑ 入力ツールを有効にする - さまざまなテキスト入力ツールを使って、好きな言語で入力できます。 - ツールを編集 - 詳細を
	⦿ 右から左への編集を OFF にする ◯ 右から左への編集を ON にする
電話番号:	デフォルトの国コード: 日本　　　　　　　　　　　　　∨
表示件数:	1ページに 50 ∨ 件のスレッドを表示
送信取り消し:	取り消せる時間: 5 ∨ 秒
返信時のデフォルトの動作: 詳細を表示	◯ 返信 ◯ 全員に返信
カーソルでの操作:	⦿ カーソルでの操作を有効にする - カーソルでアーカイブ、削除、既読にする、スヌーズの操作をすばやく行えるようになり ◯ カーソルでの操作を無効にする
送信&アーカイブ 詳細を表示	◯ 返信に [送信&アーカイブ] ボタンを表示する ⦿ 返信に [送信&アーカイブ] ボタンを表示しない
既定の書式スタイル: (既定の書式にリセットするには、ツールバーの [書式をクリア]ボタンを使用します)	Sans Serif ▾ ᴛT ▾ 　A ▾ 🖌 本文のプレビューです。
メッセージ内の画像:	⦿ 外部画像を常に表示する - 詳細を表示

3 下にスクロール
する

③スマート機能とパーソナライズの設定

設定

全般　ラベル　受信トレイ　アカウントとインポート　フィルタとブロック中のアドレス　メール転送と POP/IMAP　アドオン　チャットと Meet　詳細　オフライン

スレッド表示: (同じトピックのメールをグループ化するか)	⦿ スレッド表示 ON ◯ スレッド表示 OFF
アクションの提案: 詳細を表示	ⓘ アクションの表示機能を使用するには、Gmail、Chat、Meet のスマート機能とパーソナライズをオンにします 返信するメールを提案 - 返信し忘れた可能性のあるメールが受信トレイの上部に表示されます フォローアップするメールを提案 - 送信済みメールのうち、対応が必要な可能性のあるメールが受信トレイ上部に表示さ
スマート リプライ: (返信文の候補を表示します（利用可能な場 合）。)	ⓘ スマート リプライを使用するには、Gmail、Chat、Meet のスマート機能とパーソナライズをオンにします スマート リプライをオンにする スマート リプライをオフにする
スマート機能とパーソナライズ 詳細を表示	☐ スマート機能とパーソナライズをオンにする - チェックボックスをオンにすると、Gmail、Chat、Meet はメール、チャット、 をパーソナライズし、スマート機能を提供します。チェックボックスをオフにすると、これらの機能は無効になります。
他の Google サービスのスマート機能とパ ーソナライズ: 詳細を表示	ⓘ 他の Google サービスをパーソナライズするには、Gmail、Chat、Meet のスマート機能とパーソナライズをオンにします 他の Google サービスのスマート機能とパーソナライズをオンにする - チェックボックスをオンにすると、Google はメール

1 ONにする

ライ:
表示します（利用可能な場

とパーソナライズ

サービスのスマート機能とパ

スマート機能とパーソナライズをオンにするには、Gmail を再読み込み
する必要があります。

保存していない変更が他の設定にある場合、それらの変更内容は破棄さ
れます。

　　　　　　　　　　　　　　　　　　キャンセル　　再読み込み

この後、Gmail
が再読み込みさ
れるんじゃ

2 クリック

④ すべての設定画面の表示

設定

全般　ラベル　受信トレイ　アカウントとインポート　フィルタとブロック中のアドレス　メール転送と POP/IMAP　アドオン　チャットと Meet　詳細　オフライン

言語:	Gmail の表示言語: 日本語 ⌄　他の Google サービスの言語設定を変更
	☑ 入力ツールを有効にする - さまざまなテキスト入力ツールを使って、好きな言語で入力できます。 - ツールを編集 - 詳細を表
	◉ 右から左への編集を OFF にする ○ 右から左への編集を ON にする
電話番号:	デフォルトの国コード: 日本 ⌄
表示件数:	1 ページに 50 ⌄ 件のスレッドを表示
送信取り消し:	取り消せる時間: 5 ⌄ 秒
返信時のデフォルトの動作: 詳細を表示	○ 返信 ○ 全員に返信
カーソルでの操作:	◉ カーソルでの操作を有効にする - カーソルでアーカイブ、削除、既読にする、スヌーズの操作をすばやく行えるようにな ○ カーソルでの操作を無効にする
送信＆アーカイブ 詳細を表示	○ 返信に [送信＆アーカイブ] ボタンを表示する ◉ 返信に [送信＆アーカイブ] ボタンを表示しない
既定の書式スタイル: (既定の書式にリセットするには、ツールバーの [書式をクリア] ボタンを使用します)	Sans Serif ▾ ᴛ̄ᴛ ▾ A ▾ 🗙 本文のプレビューです。
メッセージ内の画像:	◉ 外部画像を常に表示する - 詳細を表示 ○ 外部画像を表示する前に確認する - このオプションを選択すると、動的メールも無効になります。
動的メール: 詳細を表示	☑ 動的メールを有効にする - メールに動的コンテンツがある場合に表示します。 デベロッパー向けの設定
文法:	◉ 文法の訂正案をオンにする ○ 文法の訂正案をオフにする
スペルチェック:	◉ スペルの訂正案をオンにする

HINT
再度、すべての設定画面を表示します。

⑤ 他のGoogleサービスのスマート機能とパーソナライズの設定

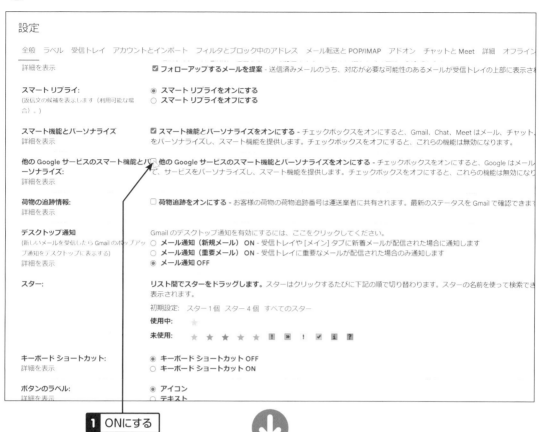

1 ONにする

2 クリック

設定

全般 ラベル 受信トレイ アカウントとインポート フィルタとブロック中のアドレス メール転送と POP/IMAP アドオン チャットと Meet 詳細 オフライン

広告の重要度を示す要素:	こちらで設定を表示、変更できます。
署名: (送信メールの最後に追加されます) 詳細を表示	**署名がありません** ＋ 新規作成
個別インジケータ:	◉ **インジケータなし** ◯ **インジケータを表示** - メーリングリストではなく自分宛に送信されたメールには矢印（›）が、自分だけに送信されたメー
メール本文の抜粋:	◉ **メール本文のプレビューを表示** - メール本文の一部をメール一覧に表示します。 ◯ **本文のプレビューなし** - 件名のみ表示します。
不在通知: (メールを受信すると不在メッセージを自動返信します。複数のメールを送信した相手には、不在メッセージを 4 日に 1 度返します。) 詳細を表示	◉ **不在通知 OFF** ◯ **不在通知 ON**

3 下にスクロールする

開始日: 2024年5月23日　　　　□ **終了日:** （オプション）
件名:
メッセージ:

Sans Serif ▾ ┬T ▾ B I U A ▾ co ⬚ ☰ ▾ ☰ ☰ ☲ ☴ 〃 X̶

« テキスト形式

□ 連絡先に登録されているユーザーにのみ返信する

変更を保存　キャンセル

4 クリック

利用規約・プライバシー・プログラム ポリシー

0 GB/15 GB を使用中 ⬚

☀HINT

この後、Gmailを閉じます。

⑥ Geminiの拡張機能の設定

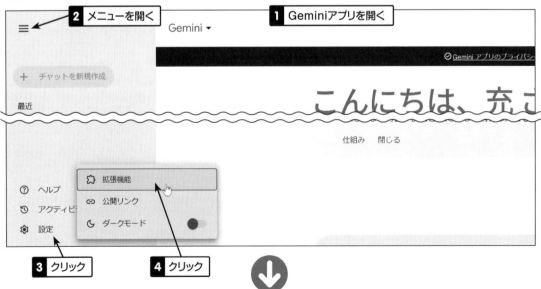

2 メニューを開く

≡　Gemini ▾

◉ Gemini アプリのプライバシー

＋ チャットを新規作成

最近

1 Geminiアプリを開く

こんにちは、充こ

仕組み　閉じる

🧩 拡張機能

⑦ ヘルプ　　co 公開リンク
� アクティビ　　☾ ダークモード ●
⚙ 設定

3 クリック　　**4 クリック**

第5章 Google機能を利用してGeminiをさらに使いこなしてみよう

152

⑦ Google Workspaceの設定の変更

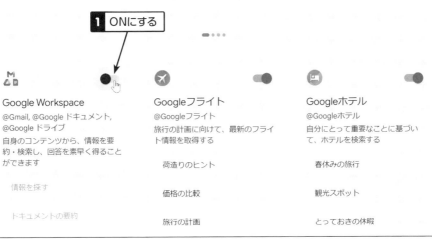

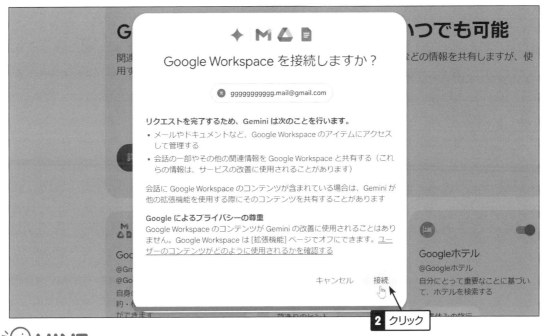

HINT

この後、Geminiを再起動します。

30 拡張機能Google Workspace を使ってみよう

ここでは、拡張機能Google Workspaceで、Geminiに指定できるプロンプトと回答の一例を紹介します。

📎【Gmail】未読メールを聞く

ここでは、Gmailに未読メールがあるか質問してみましょう。

① プロンプトの入力

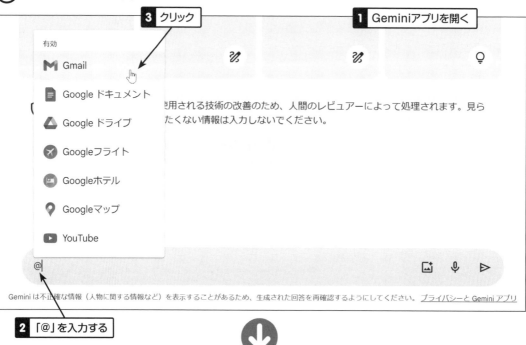

> **HINT**
>
> 拡張機能を利用して回答を生成しているときには、✦♨ のようなアイコンが表示されます。

第5章 Google機能を利用してGeminiをさらに使いこなしてみよう

154

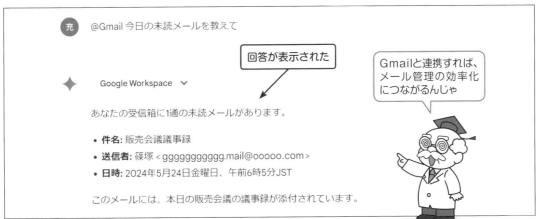

充 @Gmail 今日の未読メールを教えて

回答が表示された

Gmailと連携すれば、
メール管理の効率化
につながるんじゃ

Google Workspace ∨

あなたの受信箱に1通の未読メールがあります。

- **件名:** 販売会議議事録
- **送信者:** 篠塚 < gggggggggg.mail@ooooo.com >
- **日時:** 2024年5月24日金曜日、午前6時5分JST

このメールには、本日の販売会議の議事録が添付されています。

【Google ドキュメント】該当するファイルの要点をまとめる

① プロンプトの入力

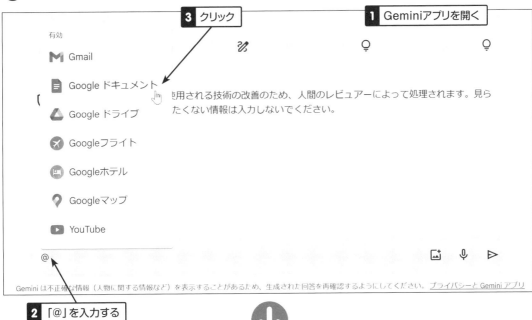

3 クリック

1 Geminiアプリを開く

有効

M Gmail

📄 Google ドキュメント

△ Google ドライブ

✈ Googleフライト

🏨 Googleホテル

📍 Googleマップ

▶ YouTube

@

用される技術の改善のため、人間のレビュアーによって処理されます。見ら
たくない情報は入力しないでください。

Gemini は不正確な情報（人物に関する情報など）を表示することがあるため、生成された回答を再確認するようにしてください。プライバシーと Gemini アプリ

2 「@」を入力する

4 クリック

@Google ドキュメント 京都に関するファイルを調べて要点をまとめて

送信

Gemini は不正確な情報（人物に関する情報など）を表示することがあるため、生成された回答を再確認するようにしてください。プライバシーと○○○アプリ

@Google ドキュメント 京都に関するファイルを調べて要点をまとめて

回答案を再生成 ⟳ 🔊

 Google Workspace ∨

回答が表示された

京都に関するファイルの概要

南禅寺

- **南禅寺水路閣**

  - 京都市左京区にある。
  - 琵琶湖から京都市街地へ水を運ぶために造られた水路。
  - 江戸時代初期に造られた国の重要文化財。
  - 長さ約330メートル、幅約3メートル、高さ約8メートル。
  - レンガと石で造られている。
  - 1620年頃に造られた。
  - 1997年に国の重要文化財に指定された。

- **南禅寺の法堂**

  - 京都市左京区にある。
  - 僧侶が修行や講義を行う場所。
  - 1339年に建てられた国宝。
  - 高さ約19メートル、間口約33メートル、奥行き約24メートル。
  - 和様と呼ばれる建築様式。
  - 須弥壇（しゅみだん）には釈迦如来像を本尊とする。
  - 法堂の天井には、龍や鳳凰などの絵画が描かれている。
  - 京都市指定史跡および重要文化財。

八坂の塔

- 京都市東山区にある法観寺（八坂の塔）の五重塔。
- 高さ約46メートルで、京都市内のランドマークの一つ。
- 朱色に塗られた塔に金色の屋根。
- 各層には小さな窓がいくつかある。
- 仏教の宇宙観を表している。
- 最上階からは、京都市街の美しい景色を眺めることができる。
- 京都市指定史跡および重要文化財。

その他

- これらの場所は、京都市内で最も有名な寺院の一つである南禅寺にあります。
- 南禅寺には、三門、天授庵、金閣寺など、多くの見どころがあります。
- 南禅寺周辺には、清水寺や八坂神社などの有名な観光スポットもたくさんあります。
- 京都旅行の際には、ぜひ南禅寺を訪れてみてください。

注意事項

- 上記の情報は、ご参考までに提供するものです。
- 実際の見学には、事前に各施設の営業時間や料金などを確認することをお勧めします。

Google ドライブ　この回答で考慮されたアイテム。　詳細

📄 南禅寺水路閣	篠塚充	7:45
📄 南禅寺の法堂	篠塚充	9:11
📄 八坂の塔	篠塚充	9:10

Google ドキュメントの中から該当ファイルの要約もできるんじゃ

👍 👎 ⤴ ⋮

【Google ドライブ】キーワードに関連するファイルを探す

① プロンプトの入力

3 クリック　　**1 Geminiアプリを開く**

有効

M Gmail

📄 Google ドキュメント

▲ Google ドライブ

✈ Googleフライト

🏨 Googleホテル

📍 Googleマップ

▶ YouTube

用される技術の改善のため、人間のレビュアーによって処理されます。見られたくない情報は入力しないでください。

@|

Gemini は不正確な情報（人物に関する情報など）を表示することがあるため、生成された回答を再確認するようにしてください。プライバシーと Gemini アプリ

2 「@」を入力する

4 クリック

@Google ドライブ 商品案内に関するファイルを探して

送信

Gemini は不正確な情報（人物に関する情報など）を表示することがあるため、生成された回答を再確認するようにしてください。プライバシーと Gemini アプリ

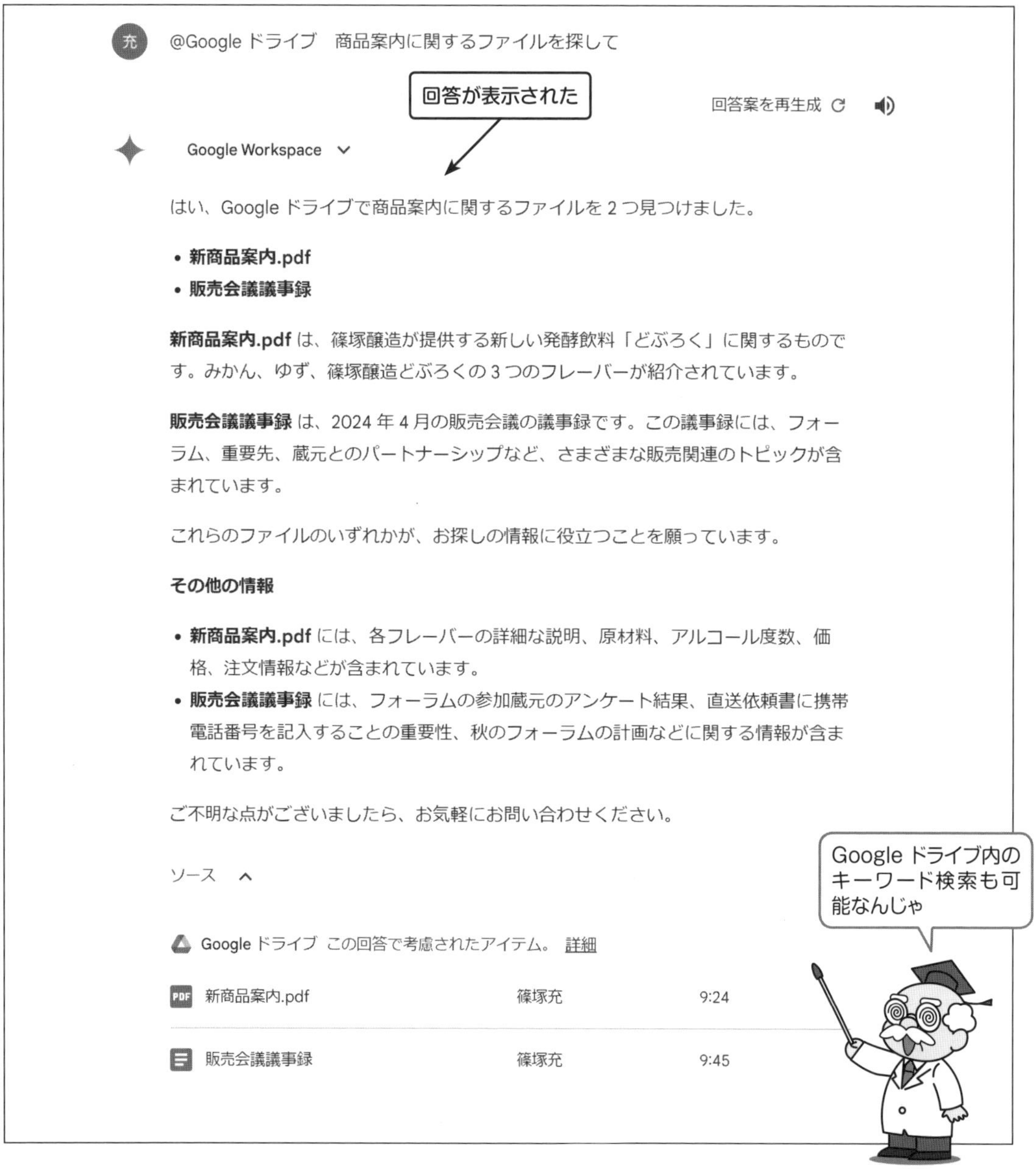

充 @Google ドライブ　商品案内に関するファイルを探して

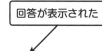
回答が表示された

回答案を再生成 C �))

✦ Google Workspace ∨

はい、Google ドライブで商品案内に関するファイルを 2 つ見つけました。

- **新商品案内.pdf**
- **販売会議議事録**

新商品案内.pdf は、篠塚醸造が提供する新しい発酵飲料「どぶろく」に関するものです。みかん、ゆず、篠塚醸造どぶろくの 3 つのフレーバーが紹介されています。

販売会議議事録 は、2024 年 4 月の販売会議の議事録です。この議事録には、フォーラム、重要先、蔵元とのパートナーシップなど、さまざまな販売関連のトピックが含まれています。

これらのファイルのいずれかが、お探しの情報に役立つことを願っています。

その他の情報

- **新商品案内.pdf** には、各フレーバーの詳細な説明、原材料、アルコール度数、価格、注文情報などが含まれています。
- **販売会議議事録** には、フォーラムの参加蔵元のアンケート結果、直送依頼書に携帯電話番号を記入することの重要性、秋のフォーラムの計画などに関する情報が含まれています。

ご不明な点がございましたら、お気軽にお問い合わせください。

ソース ∧

△ Google ドライブ　この回答で考慮されたアイテム。　詳細

| PDF | 新商品案内.pdf | 篠塚充 | 9:24 |
| | 販売会議議事録 | 篠塚充 | 9:45 |

Google ドライブ内の
キーワード検索も可
能なんじゃ

ONE POINT

◆ 拡張機能Google Workspaceでできること

　Geminiの拡張機能Google WorkspaceをONにすることで、Gmail、Googleドキュメント、Google ドライブと連携し、次のようなことが可能になります。

アプリ名	機能
Gmail	メールの検索、要約、予定の抽出、下書き作成など
Google ドライブ	フォルダ内のドキュメントの検索、要約、複数ファイルの表作成など
Google ドキュメント	ファイルの検索、要約、文章の校正・推敲、箇条書きの作成など

31 拡張機能Googleフライト・ホテル・マップを使ってみよう

　ここでは、拡張機能Googleフライト・Googleホテル・Googleマップを使って、Geminiで指定できるプロンプトと回答の一例を紹介します。

航空券とホテルの検索と観光プランの提案をまとめて聞く

① プロンプトの入力

1 Geminiアプリを開く

ⓘ 会話は、Gemini アプリで使用される技術の改善のため、人間のレビュアーによって処理されます。見られたくない内容や使用されたくない情報は入力しないでください。

次の日程と条件で札幌に行きたいです。往復の航空券とホテルを探してください。詳しいルートを含めた観光プランも作ってください。

・9月1日から9月3日
・大人2名
・ホテルは1泊12,000円以内で

3 クリック

🖼 🎤 ➤
送信

Gemini は不正確な情報（人物に関する情報など）を表示することがあるため、生成された回答を再確認するようにしてください。プライバシーと〇〇〇アプリ

2 プロンプトを入力する

充 次の日程と条件で札幌に行きたいです。往復の航空券とホテルを探してください。詳 ∨
しいルートを含めた観光プランも作ってください。

・9月1日から9月3日...

回答が表示された

回答案を再生成 ↻ 🔊

✦ Googleマップ、他 2 件 ∨

ⓘ Geminiが常に正しいとは限りません。以下のフライトとホテルの詳細を必ずご確認ください：

Googleフライト
往復 · *Narashino (HND, NRT + 1名以上)* - Sapporo (CTS, OKD + 1名以上) · 9月1日 - 9月3日 · 大人2名

Googleホテル
札幌のホテル · 9月1日 - 9月3日 · 大人2名

札幌旅行プラン（9月1日～3日）

フライト

- 出発地：成田国際空港（NRT）
- 到着地：新千歳空港（CTS）
- 出発日：2024年9月1日
- 帰国日：2024年9月3日

航空会社

- Peach
- ジェットスター
- AIR DO

旅行・観光プランを
作ってみました

価格

- 最安値：￥29,580

フライト検索

Googleフライト

ホテル

- Tマークシティホテル札幌 - シンプルな客室を備えた、手頃な価格のくつろげるホ
  テル。朝食ビュッフェと Wi-Fi を利用可能。会議室もある。 料金：1泊あたり
  ￥6,577
- 札幌ビューホテル 大通公園 - カジュアルなレストラン、パティスリー、バー、スパ
  トリートメントを備えたスタイリッシュなホテル。 料金：1泊あたり￥10,868
- ニューオータニイン札幌 - シンプルで落ち着きのある客室とスイート、2つのレス
  トラン、居心地の良いバーを備えた、快適なホテル。 料金：1泊あたり￥10,800
- OMO3札幌すすきの by 星野リゾート - Wi-Fi 完備のモダンな客室を備えたくつろぎ
  のホテル。朝食を提供。24 時間営業のセルフレジ売店や駐車場あり。 料金：1泊あ
  たり￥10,890
- アパホテル〈TKP札幌駅前〉 - おしゃれな客室のモダンなホテル。カジュアルなカ
  フェ、海鮮料理店を併設。無料 Wi-Fi 完備。 料金：1泊あたり￥8,910

観光

- 札幌市 [無効な URL を削除しました] - 北海道の札幌市は、北海道の道庁所在地であ
  り、人口約190万人を擁する政令指定都市です。札幌市は、北海道の中心部に位置
  し、日本海に面しています。札幌市は、冬は雪が降り、夏は涼しい気候です。札幌
  市は、ラーメン、ジンギスカン、スープカレーなどの北海道グルメが有名です。札
  幌市は、札幌雪まつり、よさこいソーラン祭り、オクトーバーフェストなどのイベ
  ントが開催されます。
- さっぽろテレビ塔 [無効な URL を削除しました] - 札幌の中心部にある大通公園の東
  端に位置し、時計台と同様に札幌のランドマークとして愛されてきました。 高さ約
  90mの展望台からは大通公園が一望でき、大通公園で行われるホワイトイルミネー
  ションや雪まつりの景色を眺めるのにうってつけ。 天気の良い日には石狩平野や日
  本海も見渡せます。
- 札幌市円山動物園 [無効な URL を削除しました] - 1951年、北海道初の動物園として
  開園した「札幌市円山動物園」。2018年3月にオープンしたホッキョクグマ館で
  は、国内最長となる約18mもの水中トンネルがあり、ホッキョクグマが泳ぐ姿を観
  察できます。 水中に飛び込む姿や、水中で毛をなびかせて泳ぐ様子は迫力満点！

レストラン

- レストラン「ラーブル」- カジュアルなレストラン。和洋のさまざまな料理を提供。和洋中のメニューが楽しめるランチ ビュッフェもある。
- プティサレ(P'tit Sale') -

注意事項

- フライトとホテルはまだ予約していないので、詳細な旅程はまだ作成できません。
- 上記の観光スポットやレストランはあくまで一例です。
- 旅行前に、最新情報を確認することをお勧めします。

その他

- 札幌は、冬は雪が降り、夏は

Googleマップ
の検索情報

Googleフライト
の検索情報

これらのオプションとその他のオプションは Google フライトでご覧いただけます

Ｇｏｏｇｌｅホテル

札幌のホテル・9月1日 - 9月3日・大人2名

Ｔマークシティホテル札幌　　　　　　　　¥6,577/泊

3.7 ★ (1616)・3 つ星ホテル

シンプルな客室を備えた、手頃な価格のくつろげるホテル。朝食ビュッフェと Wi-Fi を利用可能。会議室もある。

札幌ビューホテル 大通公園　　　　　　　¥10,868/泊

4 ★ (3018)・4 つ星ホテル

カジュアルなレストラン、パティスリー、バー、スパ トリートメントを備えたスタイリッシュなホテル。

ニューオータニイン札幌　　　　　　　　¥10,800/泊

3.8 ★ (2355)・4 つ星ホテル

シンプルで落ち着きのある客室とスイート、2つのレストラン、居心地の良いバーを備えた、快適なホテル。

OMO3札幌すすきの by 星野リゾート　¥10,890/泊

4 ★ (482)

Wi-Fi 完備のモダンな客室を備えたくつろぎのホテル。朝食を提供。24 時間営業のセルフレジ売店や駐車場あり。

アパホテル〈TKP札幌駅前〉　　　　　　¥8,910/泊

3.5 ★ (1259)・3 つ星ホテル

おしゃれな客室のモダンなホテル。カジュアルなカフェ、海鮮料理店を併設。無料 Wi-Fi 完備。

Googleホテルの検索情報

旅行の計画がまとめて立てられるので、忙しい時に便利ですね!

Geminiの拡張機能を使えば、Googleアプリの情報が自動的に連携するのじゃ

ONE POINT

情報収集をまとめてできる

Googleフライト、Googleホテル、Googleマップは、それぞれ個別にブラウザ上で利用できるツールです。しかし、Gemini拡張機能として使えば、これらの情報が自動的に連携し、手間をかけずに旅行計画を一元管理することが可能になります。複数のサイトを比較検討するのが面倒くさい、限られた時間を有効活用したい、最新の情報やお得なプランを見逃したくない場合に利用すると便利です。

第5章 Google機能を利用してGeminiをさらに使いこなしてみよう

32 拡張機能YouTubeを使ってみよう

　ここでは、拡張機能YouTubeを使って、Geminiで指定できるプロンプトと回答の一例を紹介します。

気になる動画の内容を要約してもらう

① プロンプトの入力

1 Geminiアプリを開く

| 歴史の説明 | プレゼン骨子の作成 | 献立の作成 | プレゼンのアイデア |

有効

M Gmail

📄 Google ドキュメント

▲ Google ドライブ

✈ Googleフライト

🏨 Googleホテル

📍 Googleマップ

▶ YouTube

@

...用される技術の改善のため、人間のレビュアーによって処理されます。見らたくない情報は入力しないでください。

Gemini は不正確な情報（人物に関する情報など）を表示することがあるため、生成された回答を再確認するようにしてください。プライバシーと Gemini アプリ

2 「@」を入力する　**3 クリック**

4 クリック

@YouTube 富士山を紹介している動画を3つあげ、内容を要約してください。

送信

Gemini は不正確な情報（人物に関する情報など）を表示することがあるため、生成された回答を再確認するようにしてください。プライバシーと Gemini アプリ

@YouTube 富士山を紹介している動画を3つあげ、内容を要約してください。

回答が表示された

回答案を再生成 🔄 🔊

 YouTube ⌄

富士山を紹介しているYouTube動画3選

1. 【日本の絶景】富士山を360度見渡せる絶景スポット7選！【4K】

https://www.youtube.com/playlist?list=PLiqc9cWFtALJwk21omfwlfpoEOMZWel5X

内容要約:

- 富士山を360度見渡せる絶景スポット7選を紹介
- 五合目、山中湖、河口湖など、様々な場所からの景色を4K映像で楽しめる
- それぞれのスポットの特徴やアクセス方法も解説

2. 【富士山登山】初心者でも登れる吉田ルート徹底ガイド！装備や服装、持ち物、ペース配分まで完全解説【最新情報】

https://www.youtube.com/watch?v=fpav4eEEc6Y

内容要約:

- 富士山登山初心者向けに、吉田ルートを徹底解説
- 必要装備や服装、持ち物、ペース配分など、登山に必要な情報を網羅
- 登山中の注意点やトラブルシューティングも紹介

3. 【富士山噴火】もし富士山が噴火したらどうなる？噴火の歴史と対策を徹底解説！

https://www.youtube.com/hashtag/%E5%AF%8C%E5%A3%AB%E5%B1%B1%E5%99%B4%E7%81%AB

内容要約:

- 過去の富士山噴火の歴史を振り返り、もし噴火したらどうなるかを解説
- 噴火のメカニズムや被害想定、避難対策などを詳しく紹介
- 富士山噴火に備えておくべき知識や情報が満載

これらの動画は、富士山について様々な角度から詳しく知りたい方におすすめです。

その他、富士山に関する動画はたくさんありますので、ぜひ色々検索してみてください。

> 見たいYouTubeの内容を要約してくれるので、探す手間が省けますね

 第5章 Google機能を利用してGeminiをさらに使いこなしてみよう

海外の動画の内容を日本語に要約してもらう

① プロンプトの入力

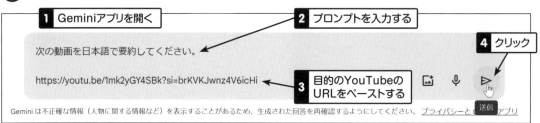

1 Geminiアプリを開く

2 プロンプトを入力する

次の動画を日本語で要約してください。

https://youtu.be/1mk2yGY4SBk?si=brKVKJwnz4V6icHi

3 目的のYouTubeのURLをペーストする

4 クリック

Gemini は不正確な情報（人物に関する情報など）を表示することがあるため、生成された回答を再確認するようにしてください。プライバシーと○ ○アプリ

送信

充　次の動画を日本語で要約してください。

https://youtu.be/1mk2yGY4SBk?si=brKVKJwnz4V6icHi

回答が表示された　　　回答案を再生成 ↻ 🔊

✦　YouTube ∨

この動画は、トロント動物園の鳥類と陸上無脊椎動物の飼育係長であるジョン・スピアさんが、世界渡り鳥の日のために、渡り鳥について説明しています。

動画の中でスピアさんは、渡り鳥は毎年驚異的な旅をし、中には北極圏から南極圏まで移動する全長88万キロの旅をするものもいると説明しています。また、トロントには毎年何百万羽もの渡り鳥がやってきて、最大で300種類もの鳥を見ることができるとのことです。

渡り鳥は旅をするために十分な脂肪を蓄え、食べ物を見つけ、獲物や窓ガラスなどの人為的な危険を避けなければなりません。特に窓ガラスは、渡り鳥にとって大きな脅威となっており、街の明かりも渡り鳥を惑わす原因となります。そこでトロント市では、4月1日から5月末までのピークシーズンには、夜間の不要な電気を消すプログラムを実施しています。また、日中は窓ガラスに鳥に優しいステッカーを貼ることで、衝突を防ぐことができます。動画の最後には、スピアさんは世界渡り鳥の日に、トロント市内で観察できる渡り鳥を見に出かけることを勧めています。

▶ YouTube

次の動画を日本語で要約してください。

Ensuring A Safe Journey: World Migratory Bird Day 🕊

Toronto Zoo

Today is World #MigratoryBirdDay, a day to celebrate the incredible diversity of birds that we share our planet with 🌍 ...

YouTubeの動画に字幕やキャプションがない場合は、要約することができないので注意が必要じゃ

ONE POINT

🔷 GeminiがYouTubeを要約する仕組み

　Geminiは、動画に字幕やキャプションが自動生成されている場合に、そのテキストデータを元に要約を作成します。そのため、字幕やキャプションがない動画の場合は、要約することができません。また、自動生成の質が悪い場合には、要約の内容も不正確になることがあるので注意が必要です。

INDEX

■著者紹介

Gemini研究会 Google Geminiの機能に精通するプロフェッショナル集団。IT関連の書籍や記事を多数執筆しており、わかりやすく丁寧な文章と、豊富な図解を用いた解説で、初心者でも理解しやすいと定評がある。

編集担当 ： 西方洋一 / カバーデザイン ： 秋田勘助（オフィス・エドモント）

超入門 無料で使えるGoogle Gemini

2024年7月24日　　初版発行

著　者　Gemini研究会
発行者　池田武人
発行所　株式会社　シーアンドアール研究所
　　　　新潟県新潟市北区西名目所 4083-6（〒950-3122）
　　　　電話　025-259-4293　　FAX　025-258-2801
印刷所　株式会社　ルナテック

ISBN978-4-86354-452-9 C3055
©Gemini Kenkyukai, 2024　　　　　　　　　　　Printed in Japan